# Lineare Funktionen

## ... kinderleicht erlernen

12. Auflage 2025



Inhalt: Friedhelm Heitmann
Coverbilder: © Sergey Nivens & Sylverarts - AdobeStock.com
Redaktion: Kohl-Verlag
Layout & Satz: PrePress Salumae & Kohl-Verlag
Druck: Druckerei Flock, Köln

**Bestell-Nr. 11 536**

**ISBN: 978-3-95686-511-4**



Kontakt: Kohl-Verlag, An der Brennerei 37-45, 50170 Kerpen
Tel: +49 2275 331610, Mail: info@kohlverlag.de

## Inhaltsverzeichnis



## Vorwort

Das Thema Funktionen ist ein fester Bestandteil im Mathematikunterricht der Sekundarstufe. Aufgaben zu bewältigen, in denen es um funktionale Zusammenhänge geht, ist eine wichtige Kompetenz. Vor diesem Hintergrund befasst sich der vorliegende Band mit linearen Funktionen, den einfachen Funktionen. Zielsetzungen sind die Vermittlung, Festigung sowie Überprüfung von elementaren Grundkenntnissen zur genannten Thematik.

Dargeboten werden unterschiedliche Arbeitsblätter, Lernspiele und Klassenarbeiten. Zu den Materialien werden jeweils im Anschluss die Lösungen angeführt. Alle vorliegenden Materialien entstanden aus der Unterrichtspraxis heraus.

Wir wünschen Ihnen viel Freude und Erfolg beim Einsatz der Materialien.

Ihr Kohl-Verlag und Friedhelm Heitmann

# Kartesisches Koordinatensystem und lineare Gleichungen

Das kartesische Koordinatensystem ist nach dem französischen Mathematiker und Philosophen R. Descartes (1596–1650) benannt, dessen Namen in lateinischer Sprache *Cartesius* lautet. Anstelle vom kartesischen Koordinatensystem wird manchmal auch vom rechtwinkligen Koordinatensystem gesprochen. Gegliedert wird das kartesische (= rechtwinklige) Koordinatensystem in 4 Gebiete, die als Quadranten bezeichnet werden. Die Quadranten werden entgegen dem Uhrzeigerverlauf von I bis IV gezählt. Im kartesischen Koordinatensystem wird die x-Achse, die waagerecht verläuft, Abszissenachse genannt, die senkrechte y-Achse Ordinatenachse.

Punkte im kartesischen Koordinatensystem weisen jeweils eine x-Koordinate (= x-Wert) und eine y-Koordinate (= y-Wert) auf, wobei die x-Koordinate zuerst angeführt wird. Einen positiven x-Wert sowie einen positiven y-Wert haben die Punkte im Quadranten I. Der x-Wert und der y-Wert sind im Quadranten III stets negativ.

Funktionen sind eindeutige Zuordnungen. Jedem Element aus einer Menge ist zumindest ein Element aus einer anderen Menge genau zugeordnet. Zu einem x-Wert gehört ein bestimmter y-Wert. Der jeweilige x-Wert und zugehörige y-Wert bilden ein Wertepaar. Wertepaare lassen sich in Wertetabellen anführen.

Funktionen werden als Gleichungen (z. B. y = x + 1) angegeben und können im kartesischen Koordinatensystem wiedergegeben werden. Als einen Graphen bezeichnet man eine Funktionsgleichung, die im kartesischen Koordinatensystem zeichnerisch dargestellt wird. Funktionsgleichungen, in denen x und y in keiner höheren Rechenart vorkommen, heißen lineare Funktionen. Der Graph einer linearen Funktion ist im kartesischen Koordinatensystem immer eine Gerade, er verläuft also geradlinig.

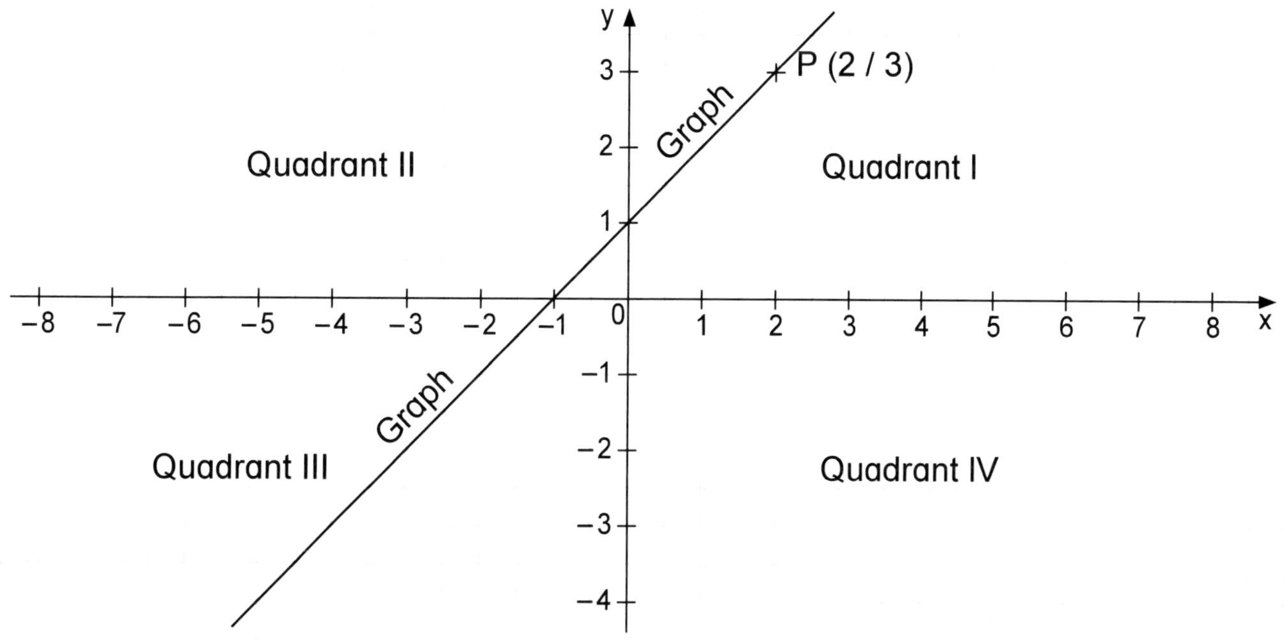


KOHL VERLAG
Lineare Funktionen
Kopiervorlagen – Bestell-Nr. 11 536

## Richtig oder falsch?

**<u>Aufgabe 1</u>:** *Kreuze entsprechend an, welche der folgenden Aussagen richtig und welche falsch sind!*

| | Aussage | Richtig | Falsch |
|---|---|---|---|
| 1. | Das kartesische Koordinatensystem ist nach dem deutschen Mathematiker und Philosophen Descartes benannt. | ☐ | ☐ |
| 2. | Für das kartesische Koordinatensystem wird ebenfalls die Bezeichnung rechtwinkliges Koordinatensystem gebraucht. | ☐ | ☐ |
| 3. | In 4 Quadranten (= Gebiete) wird das kartesische Koordinatensystem aufgeteilt. | ☐ | ☐ |
| 4. | Die Quadranten werden im Uhrzeigerverlauf von I bis IV gezählt. | ☐ | ☐ |
| 5. | Die x-Achse wird auch als Abszissenachse, die y-Achse als Ordinatenachse bezeichnet. | ☐ | ☐ |
| 6. | Bei der Angabe eines Punktes im kartesischen Koordinatensystem wird zuerst die y-Koordinate und danach die x-Koordinate genannt. | ☐ | ☐ |
| 7. | Im Quadranten I des kartesischen Koordinatensystems liegen die Punkte, die einen positiven x-Wert und einen negativen y-Wert aufweisen. | ☐ | ☐ |
| 8. | In einer Funktion ist jedem Element aus einer Menge zumindest ein Element aus einer anderen Menge eindeutig zugeordnet. | ☐ | ☐ |
| 9. | Ein Graph stellt eine Funktionsgleichung im kartesischen Koordinatensystem zeichnerisch dar. | ☐ | ☐ |
| 10. | Der Graph einer linearen Funktion verläuft waagerecht und senkrecht. | ☐ | ☐ |

**<u>Aufgabe 2</u>:** *Verbessere nun die falschen Aussagen!*

# Punkte im Koordinatensystem

Im (kartesischen) Koordinatensystem wird die Lage von Punkten mit Hilfe von x- und y-Werten beschrieben. Jedem Punkt ist ein bestimmter x-Wert sowie y-Wert zugeordnet. Der x-Wert wird jeweils zuerst genannt, an zweiter Stelle der dazugehörige y-Wert.

Beispiele:

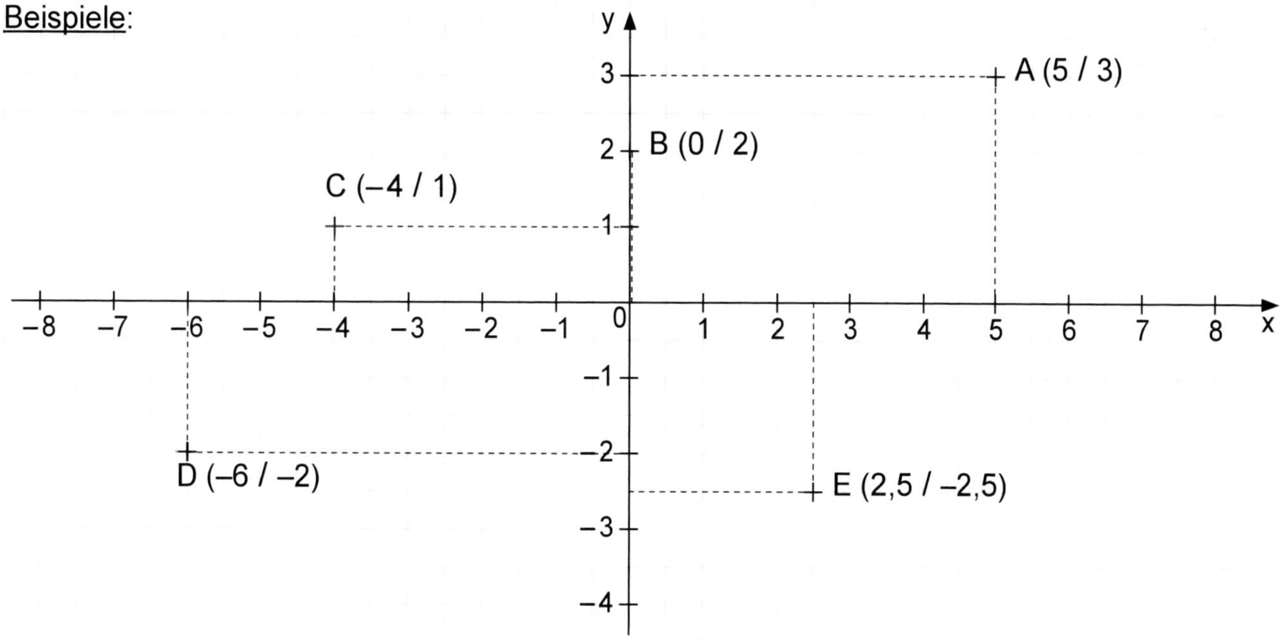


Den jeweiligen x-Wert und y-Wert eines Punktes bezeichnet man als Koordinaten.
*coordinare* (lateinisch) = zuordnen
Die zusammengehörigen x-, und y-Werte werden auch als Wertepaar bezeichnet. Wertepaare werden u. a. in Wertetabellen angegeben.

**Aufgabe 1**: *Notiere die Koordinaten (= x- und y-Wert) der folgenden im Koordinatensystem eingetragenen Punkte!*

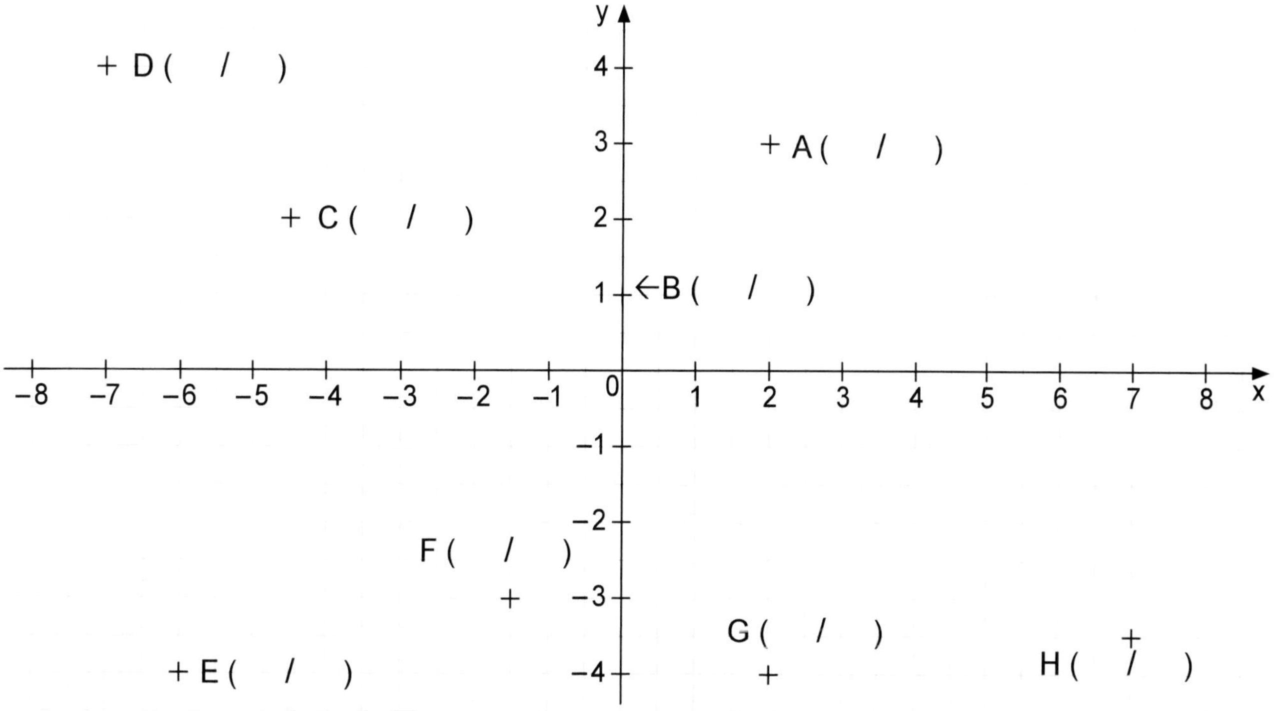


KOHL VERLAG Lineare Funktionen Kopiervorlagen – Bestell-Nr. 11 536

**Aufgabe 2**: *Trage in das anschließende Koordinatensystem diese Punkte mit den Koordinaten ein!*
A (3 / 1), B (5 / 2), C (–3,5 / 2), D (–6 / 0), E (–2,5 / –1,5), F (0 / –3), G (4 / –3,5), H (7,5 / –2,5)

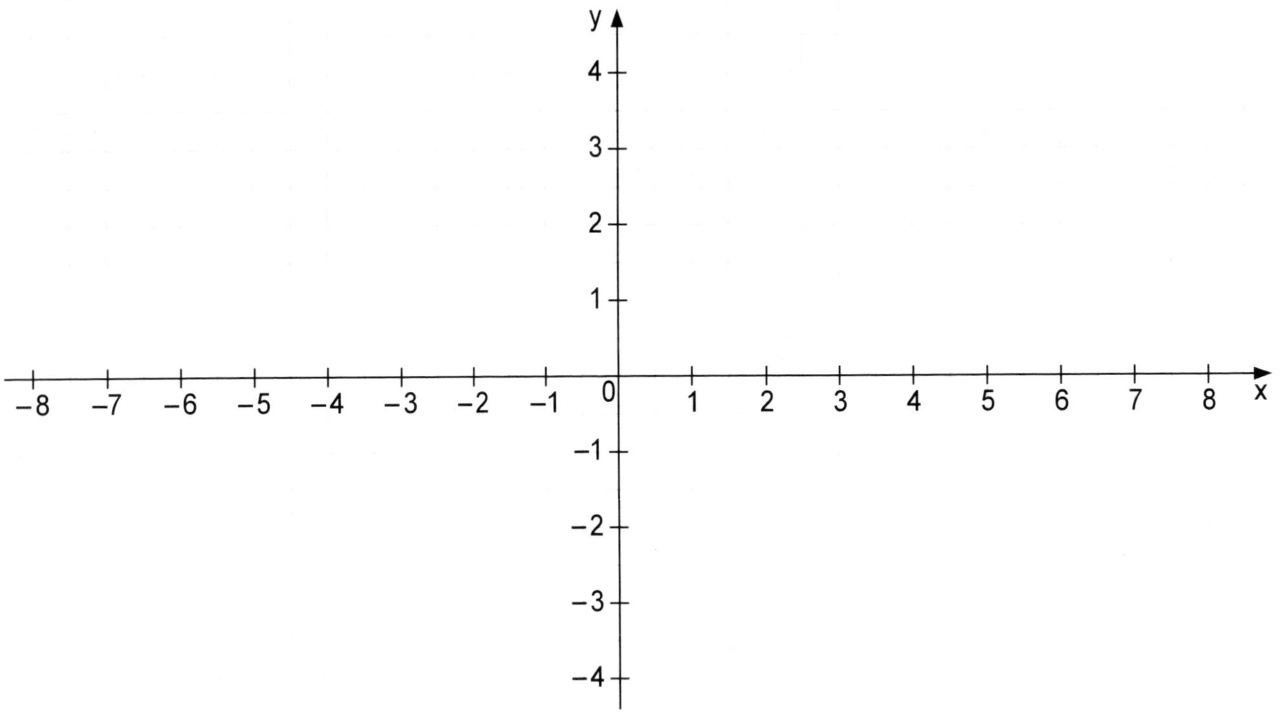

**Aufgabe 3**: *Trage in das anschließende Koordinatensystem diese Punkte mit den Koordinaten ein!*
A (7 / 1), B (3,5 / 1), C (3,5 / 3,5), D (1,5 / 3,5), E (1,5 / 5), F (–2 / 5), G (–2 / 3,5), H (–4 / 3,5), I (–4 / 1), J (–8,5 / 1), K (–6 / –3), L (4,5 / –3)

*Verbinde die einzelnen Punkte in alphabetischer Reihenfolge und anschließend L mit A. Welche Figur ist zu sehen?*

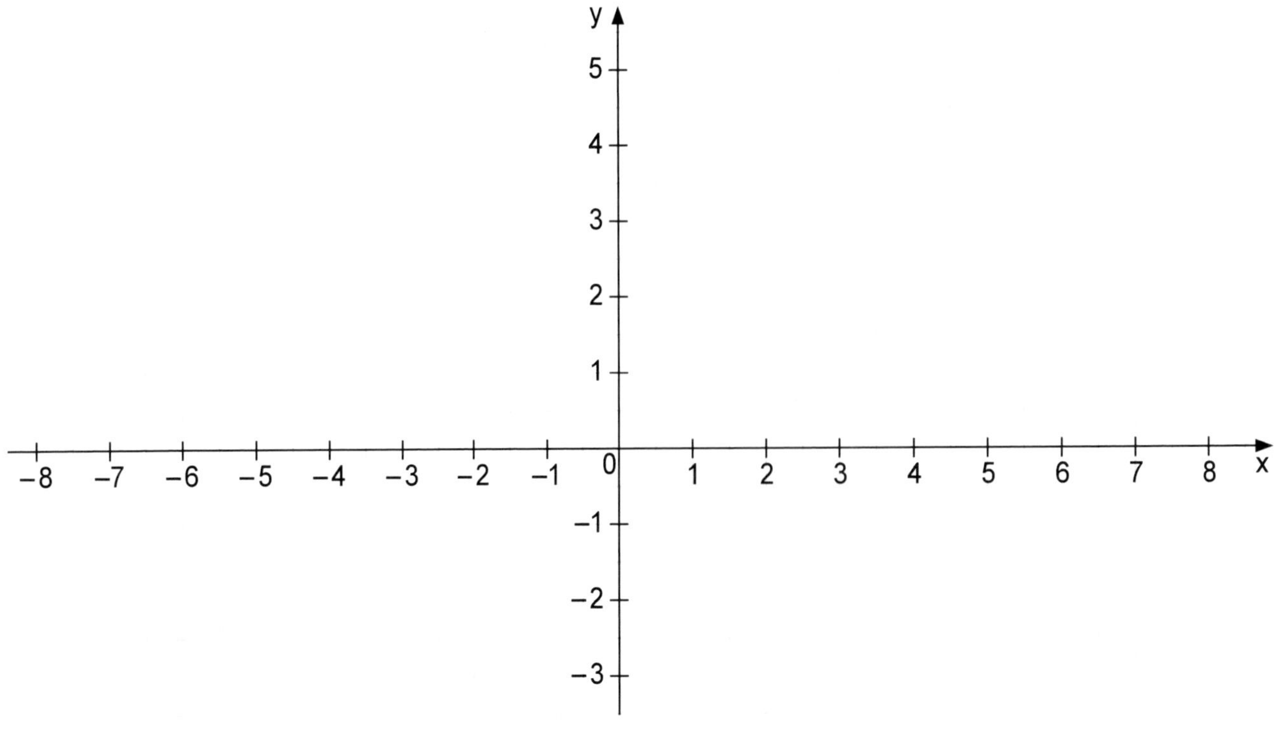

## Das Spiel „Schatzsuche“, „Agentenjagd“

**Spielerzahl:** 2 Personen

**Spielmaterialien:** je Spieler: 1 Spielplan (siehe Vorlage Seite 8).
ein Schreibstift

**Spielregeln:** Zwei Personen spielen gegeneinander. Dabei versuchen die Spieler vom Gegner im Koordinatensystem geheim markierte Punkte aufzuspüren. Vor Spielbeginn müssen sich beide Spieler einigen, ob die jeweiligen Punkte „Schätze“, „Agenten" oder etwas anderes darstellen sollten – Dinge, die es gedanklich zu entdecken (→ „Schätze“) bzw. zu enttarnen („Agenten“) … gilt.

Die zwei Spieler kennzeichnen – ohne dass dies der Gegner beobachten kann – auf ihrem Spielplan im Versteckfeld betimmte Punkte, z. B. viermal einzelne Punkte, dreimal zwei benachbarte Punkte, zweimal drei benachbarte Punkte oder einmal vier benachbarte Punkte.

Während des Spiels sind die Spieler abwechselnd an der Reihe. Der Spieler, der das Fragerecht besitzt, nennt gegenüber dem Gegner jeweils die x- und y-Koordinate eines Punktes im Koordinatensystem, wo möglicherweise ein Schatz vermutet wird. Der gefragte Spieler muss wahrheitsgemäß antworten, ob sich dort beispielsweise ein Schatz bzw. ein Teil davon befindet. Nun erfolgt ein Rollenwechsel, das Fragerecht geht auf den bisher befragten Spieler über. Jeder Spieler kennzeichnet auf seinem Spielfeld im Kontrollfeld die Punkte, die er im Verlauf des Spiels gegenüber dem Gegner anspricht.

**Spielsieg:** Spielsieger wird, wer als Erster alle vom Gegner festgelegten Punkte ausfindig macht.

Alternativen:

- Das Spiel gewinnt die Person, die nach einer vereinbarten Spielzeit mehr gesuchte Dinge etc. aufgespürt hat als der Gegenspieler.
- Der jeweilige Spieler ist mit dem Fragerecht nur solange an der Reihe, bis er damit keinen Treffer erzielt.

# Spielplan, um „Schatzsuche", „Agentenjagd" ... zu spielen

## Versteckfeld:

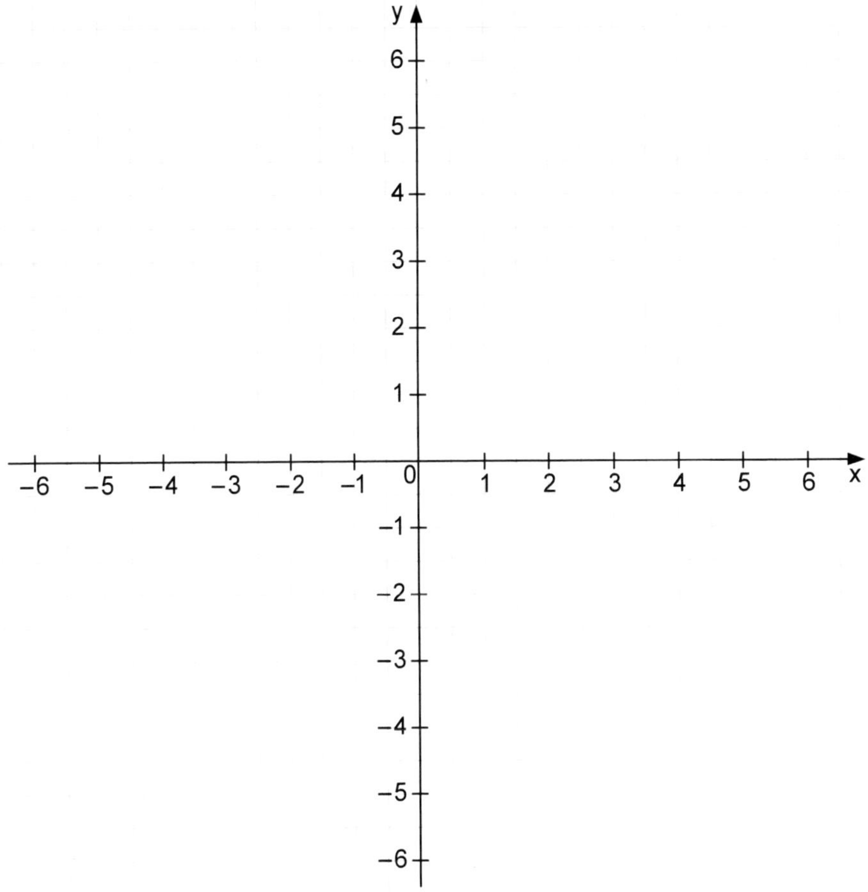

## Suchfeld:

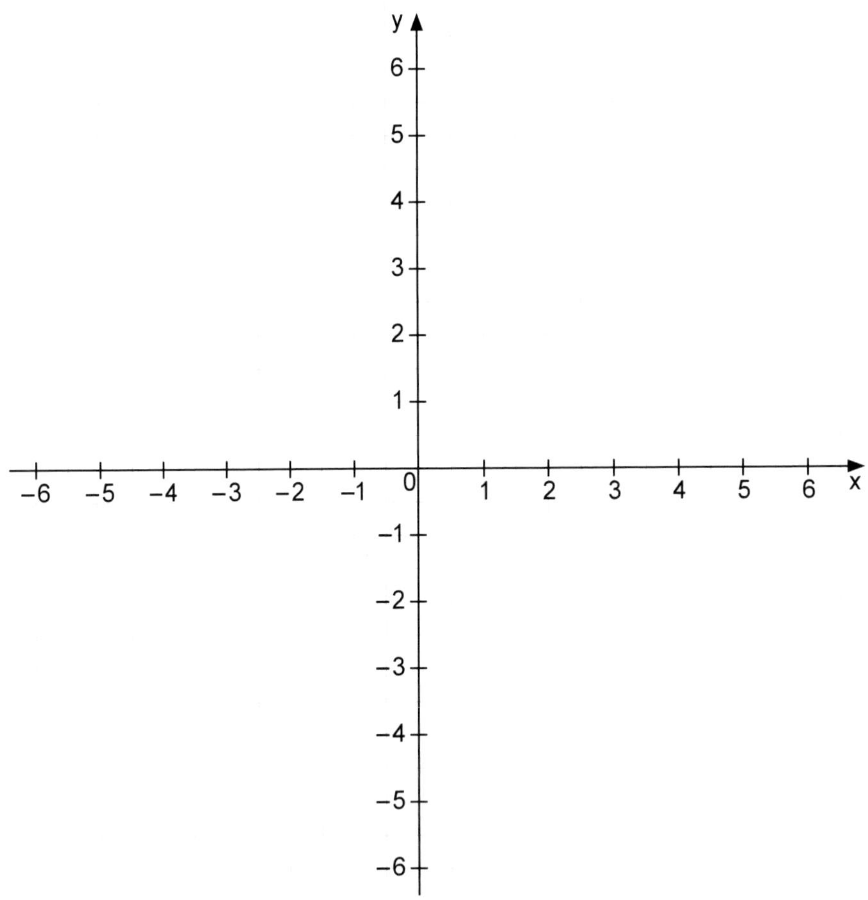

# Lineare Funktionen (Ablesen von Werten)

**Aufgabe 1**: *a) Wie viele Geräte werden in 1 Stunde hergestellt?* ____________

*b) Wie viele Geräte werden in 8 Stunden hergestellt?* ____________

*c) In welcher Zeit werden 75 Geräte fertig?* ____________

*d) Welche Zeit wird benötigt, um 210 Geräte zu produzieren?* ____________

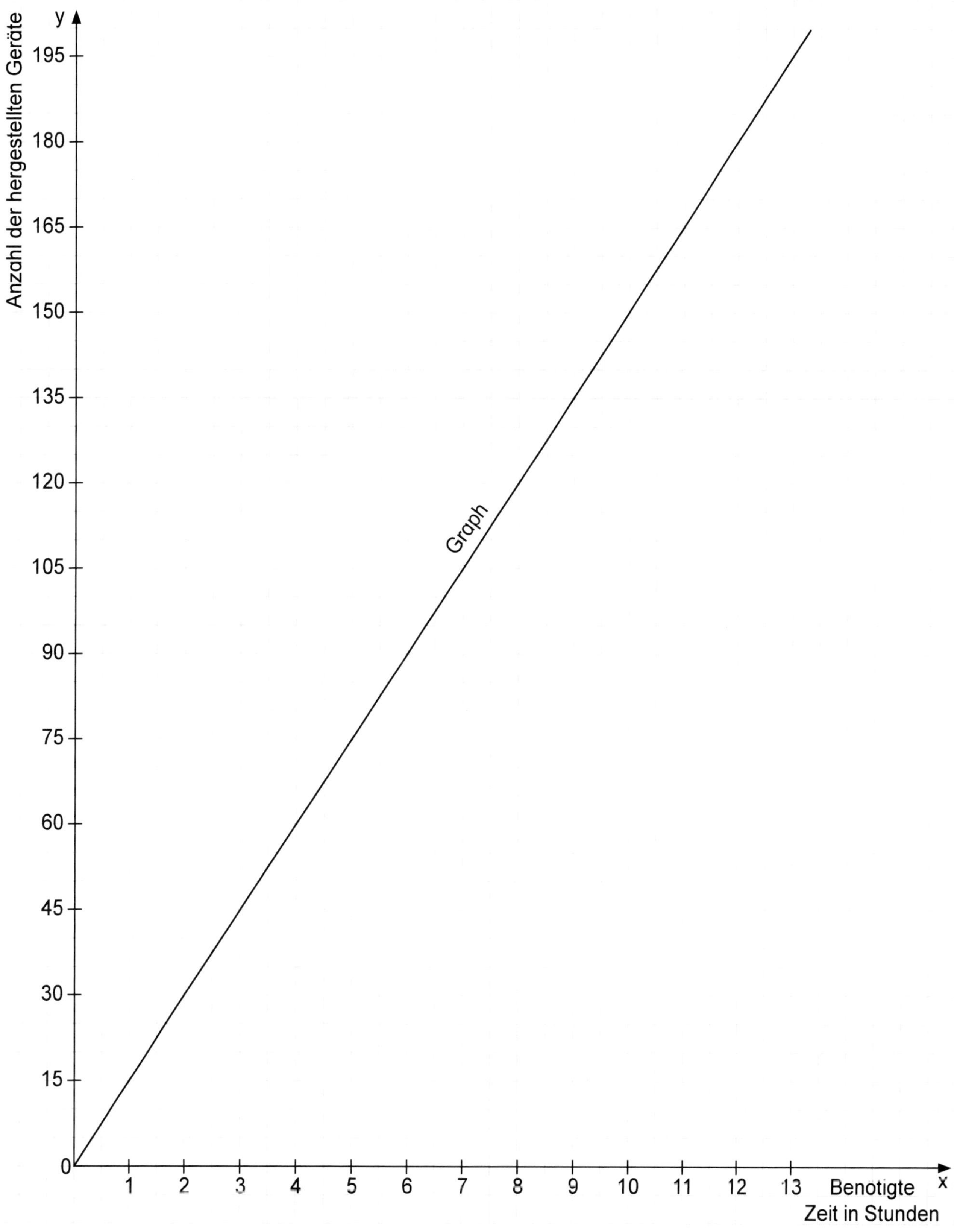


Lineare Funktionen
Kopiervorlagen – Bestell-Nr. 11 536
KOHL VERLAG

# Lineare Funktionen (Ablesen von Werten)

**Aufgabe 1:** *a) Beschrifte die x- und y-Achse des Koordinatensystems mit erforderlichen Angaben (Zahlen ...) und trage den Verlauf des Graphen ein, wenn in jeder Stunde 20 Geräte hergestellt werden.*

*b) Lies vom Graphen ab und schreibe auf, wie viele Geräte in* $7\frac{1}{2}$ *Stunden hergestellt werden!* ________________

*c) In welcher Zeit werden 175 Geräte produziert?* ________________

# Lineare Funktionen (Punkte, Graphen)

**Aufgabe 1:** *Trage in das untere Koordinatensystem die Punkte ein, die folgende Koordinaten (= x-Wert/y-Wert) haben!*

*a) A (1 / 2), B (2 / 4), C (3 / 6), D (4 / 8), E (5 / 10), F (–1 / –2), G (–2 / –4), H (–3 / –6), I (–4 / –8), J (–5 / –10).*
*Was stellst du fest, wenn du alle genannten Punkte miteinander verbindest?*

*b) In welchem Verhältnis stehen bei den Punkten A bis J der jeweilige x-Wert und y-Wert? Mit anderen Worten: Wie verändert sich jeweils der y-Wert im Vergleich zum x-Wert?*

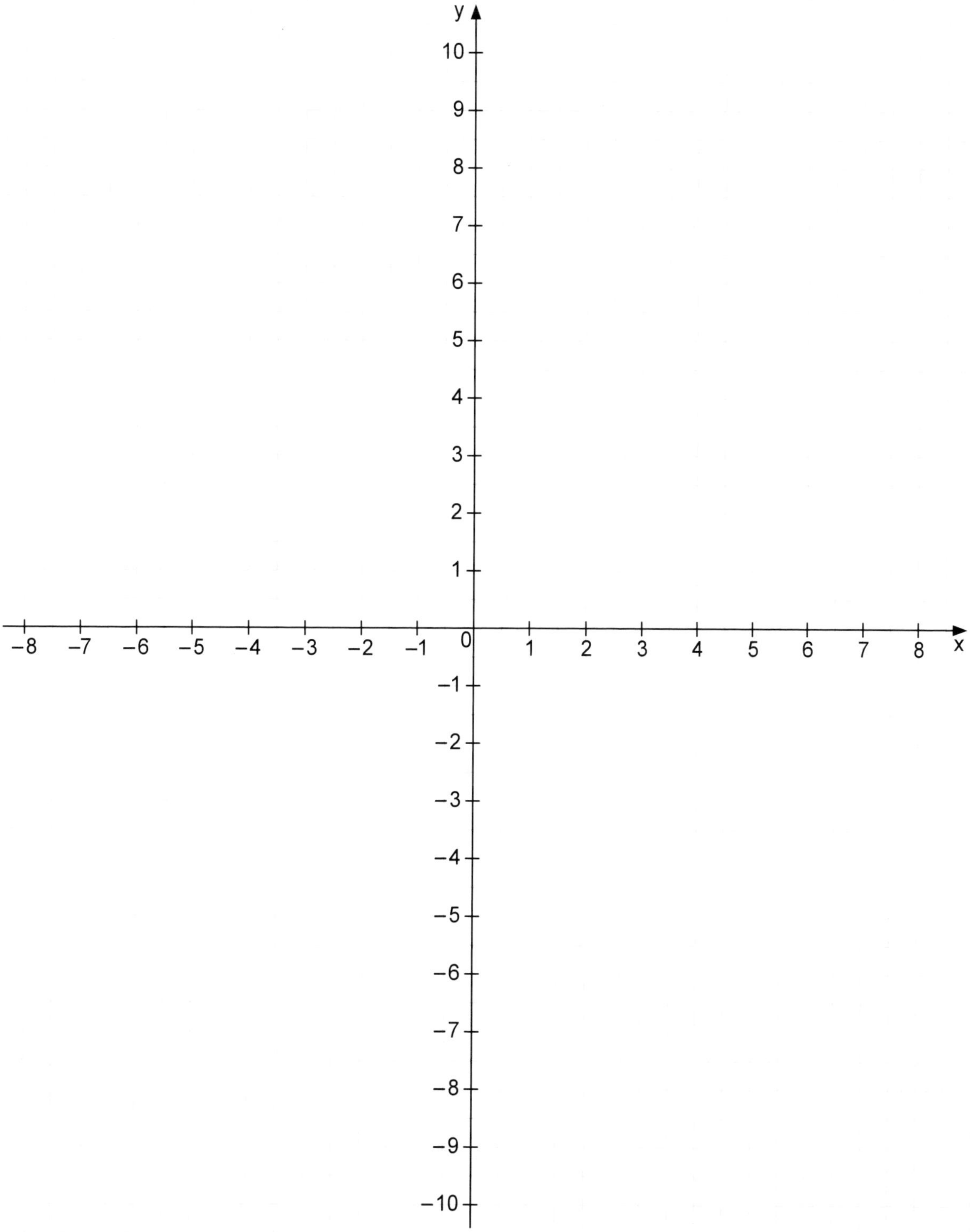


KOHL VERLAG
Lineare Funktionen
Kopiervorlagen – Bestell-Nr. 11 536

**Aufgabe 2:** a) *Notiere, welche Koordinaten (= x-Wert/y-Wert) die bereits in das Koordinatensystem eingetragenen Punkte K, L, M, N, O, P, Q, R, S, T haben!*

K (   /   ), L (   /   ), M (   /   ), N (   /   ), O (   /   ),

P (   /   ), Q (   /   ), R (   /   ), S (   /   ), T (   /   )

b) *Was fällt dir auf, wenn du die Punkte K bis T im Koordinatensystem miteinander verbindest?*

c) *In welchem Verhältnis stehen bei den Punkten K bis T der jeweilige x-Wert und y-Wert? Mit anderen Worten: Wie verändert sich jeweils der y-Wert im Vergleich zum x-Wert?*

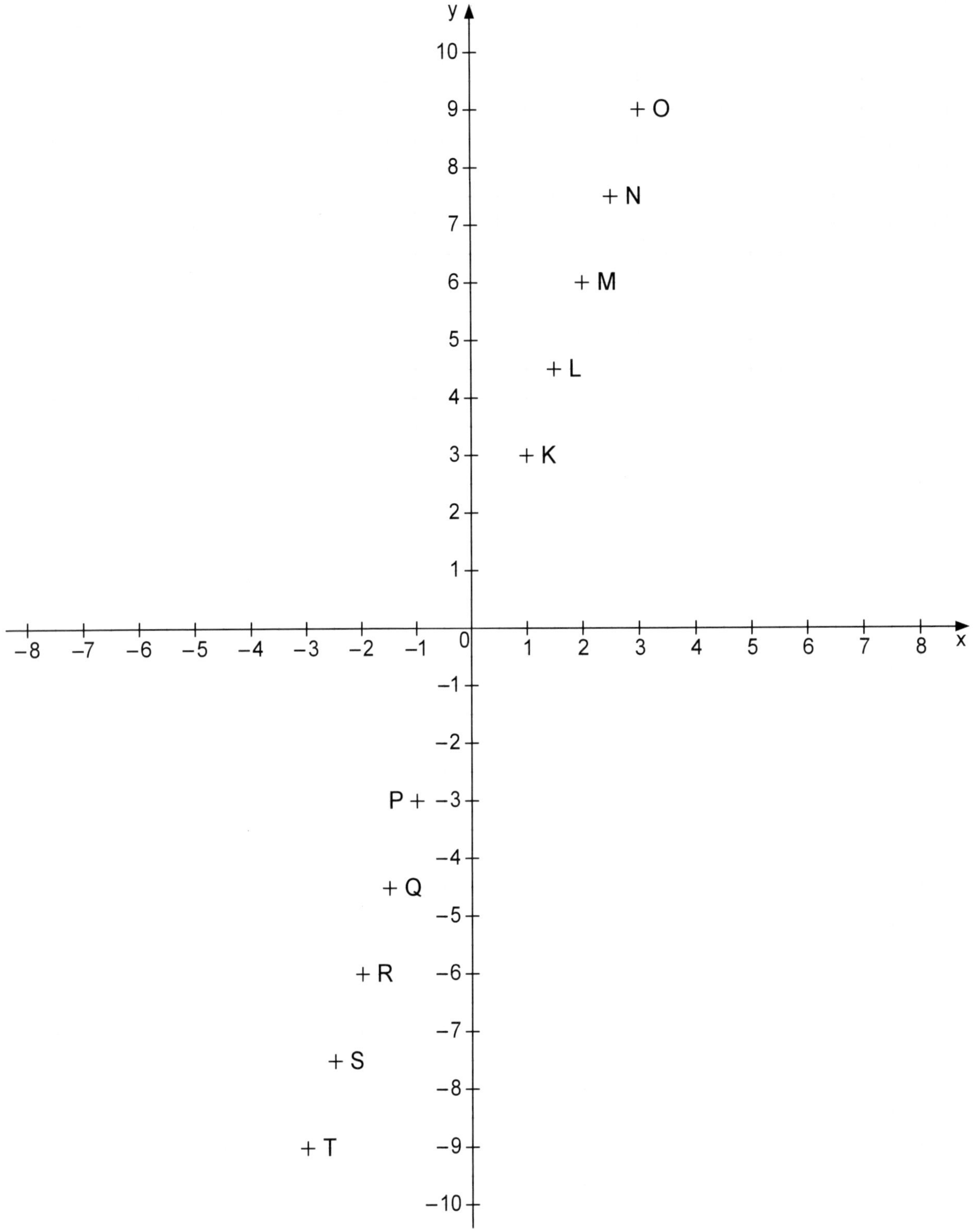




Lineare Funktionen
Kopiervorlagen – Bestell-Nr. 11 536
KOHL VERLAG

# Lineare Funktionen (Wertetabellen, Graphen)

**Aufgabe 1:** *Stelle zu folgenden Funktionsgleichungen jeweils eine Wertetabelle mit 5 Wertepaaren (x/y) auf und zeichne die Graphen in das untere Koordinatensystem ein! Schreibe im Koordinatensystem dazu, wie welcher Graph heißt!*

a) $y = x$ *Wertetabelle:*

| x | 1 | 3 | 0 | −2 | −4 |
|---|---|---|---|---|---|
| y | | | | | |

b) $y = \frac{1}{2}x$ *Wertetabelle:*

| x | 1 | 4 | 0 | −2 | −5 |
|---|---|---|---|---|---|
| y | | | | | |

c) $y = 1{,}5\,x$ *Wertetabelle:*

| x | 1 | 3 | 0 | −1 | −3 |
|---|---|---|---|---|---|
| y | | | | | |

d) $y = 4\,x$ *Wertetabelle:*

| x | 1 | 2 | 0 | −0,5 | −1,5 |
|---|---|---|---|---|---|
| y | | | | | |

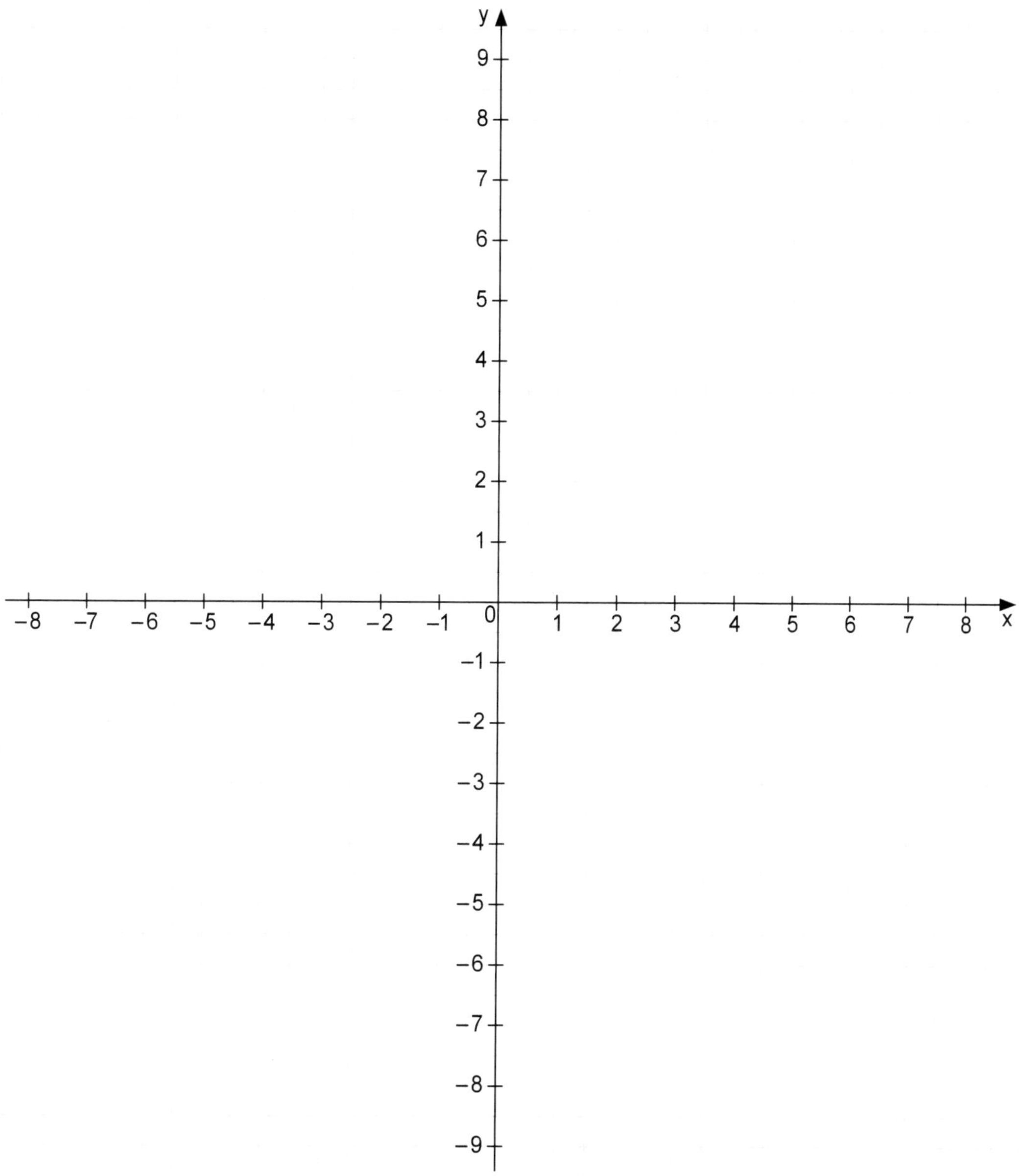


Lineare Funktionen
Kopiervorlagen – Bestell-Nr. 11 536
KOHL VERLAG

**Aufgabe 2**: *Stelle zu folgenden Funktionsgleichungen jeweils eine Wertetabelle mit 5 Wertepaaren (x/y) auf und zeichne die Graphen in das untere Koordinatensystem ein! Schreibe im Koordinatensystem dazu, wie welcher Graph heißt!*

*a)* $y = -x$ *Wertetabelle:*

| x | 1 | 2 | 0 | −1 | −3 |
|---|---|---|---|---|---|
| y | | | | | |

*b)* $y = -2x$ *Wertetabelle:*

| x | 1 | 3 | 0 | −2 | −4 |
|---|---|---|---|---|---|
| y | | | | | |

*c)* $y = x + 2$ *Wertetabelle:*

| x | 2 | 3 | 0 | −3 | −5 |
|---|---|---|---|---|---|
| y | | | | | |

*d)* $y = -2x - 2$ *Wertetabelle:*

| x | 1 | 3 | 0 | −2 | −4 |
|---|---|---|---|---|---|
| y | | | | | |

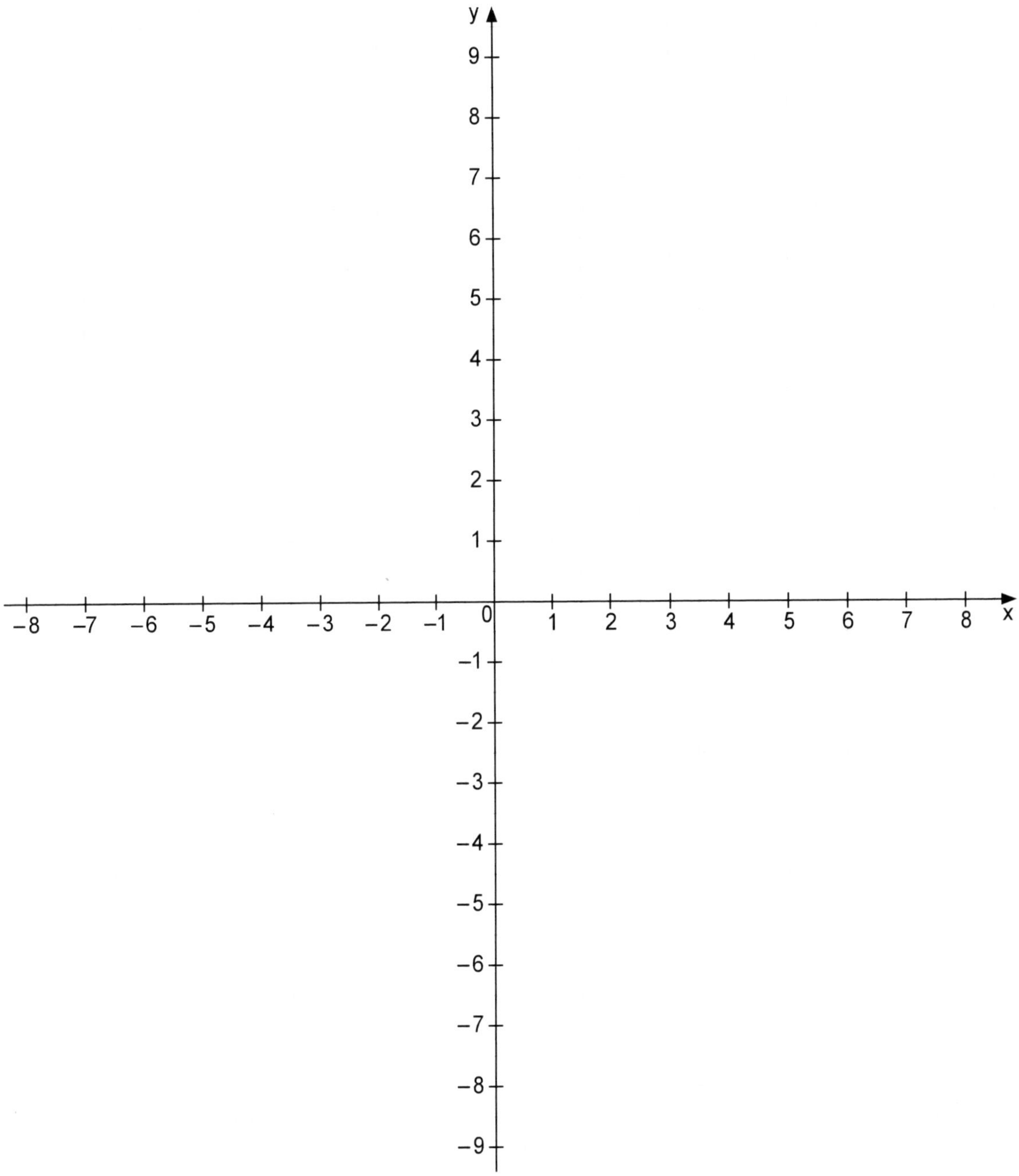


KOHL VERLAG
Lineare Funktionen
Kopiervorlagen – Bestell-Nr. 11 536

# Lineare Funktionen (y = mx)

Lineare Funktionsgraphen, die durch den Nullpunkt des Koordinatensystems verlaufen, haben die Form y = mx. m gibt die Steigung des Graphen an. Man bekommt den Wert für m heraus, indem ein Steigungsdreieck am Graphen gezeichnet wird. m ist der Wert, der sich ergibt, wenn der y-Abschnitt des Steigungsdreiecks durch den x-Abschnitt geteilt (= dividiert) wird.

Der Graph verläuft umso steiler, je größer m ist. Einen positiven Wert hat m, wenn der Graph im Koordinatensystem von unten links nach oben rechts verläuft, einen negativen Wert, sofern der Graph von unten rechts nach oben links geht.

Beispiele:

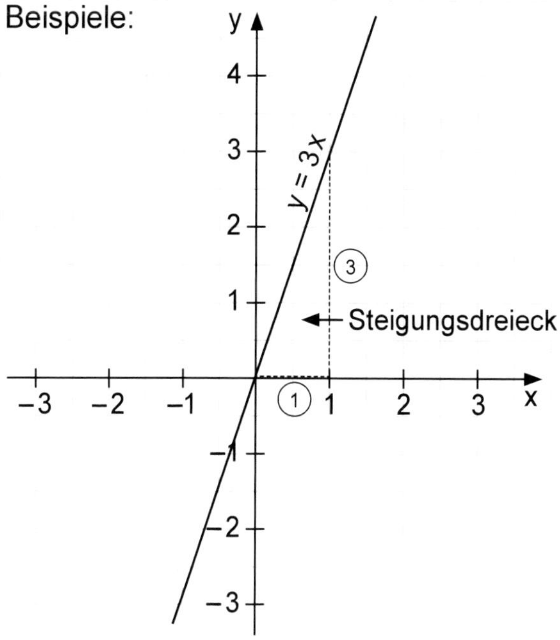


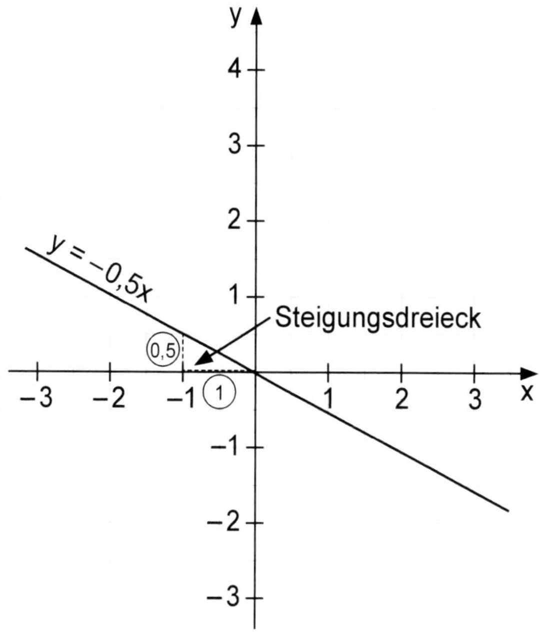


**Aufgabe 1**: *Wie heißen die Funktionsgleichungen der folgenden Graphen?*
*Zeichne jeweils ein Steigungsdreieck ein! Erstelle außerdem Wertetabellen!*

*a)*

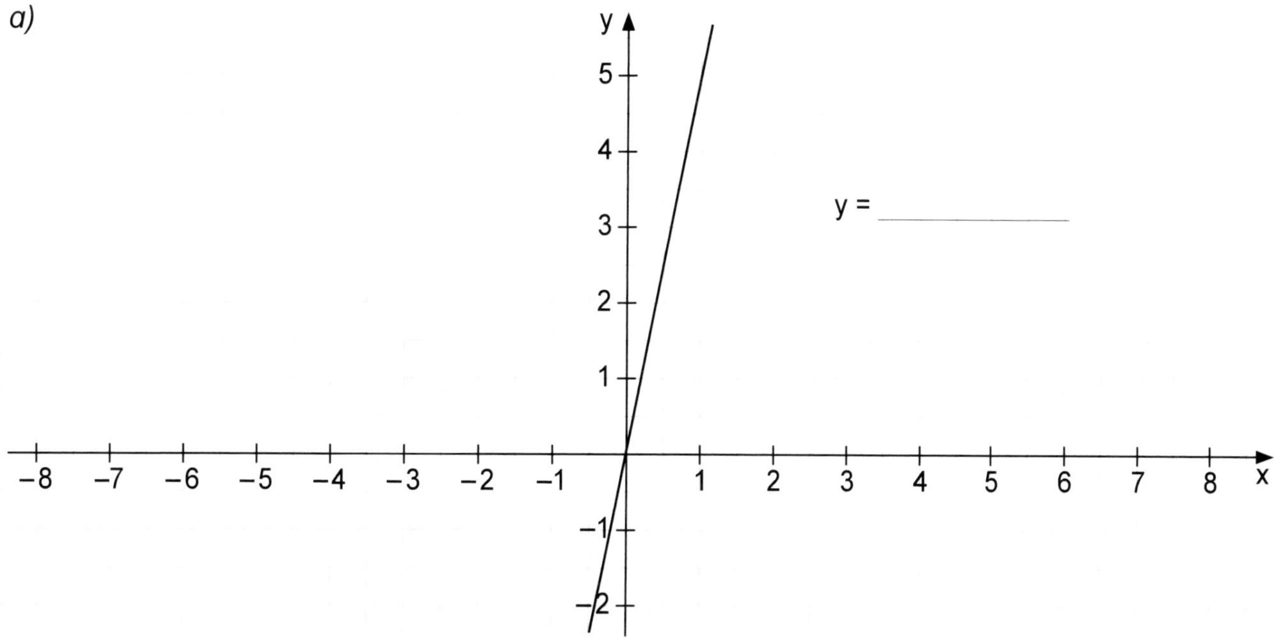

*b)*

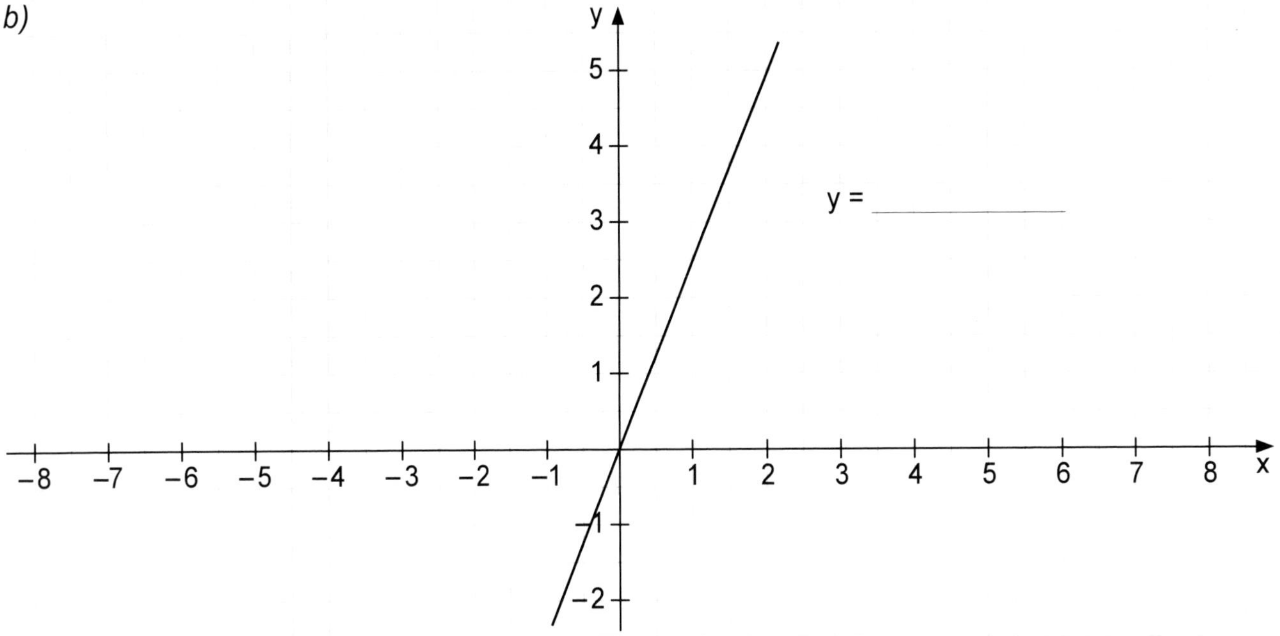

y = ______________

*c)*

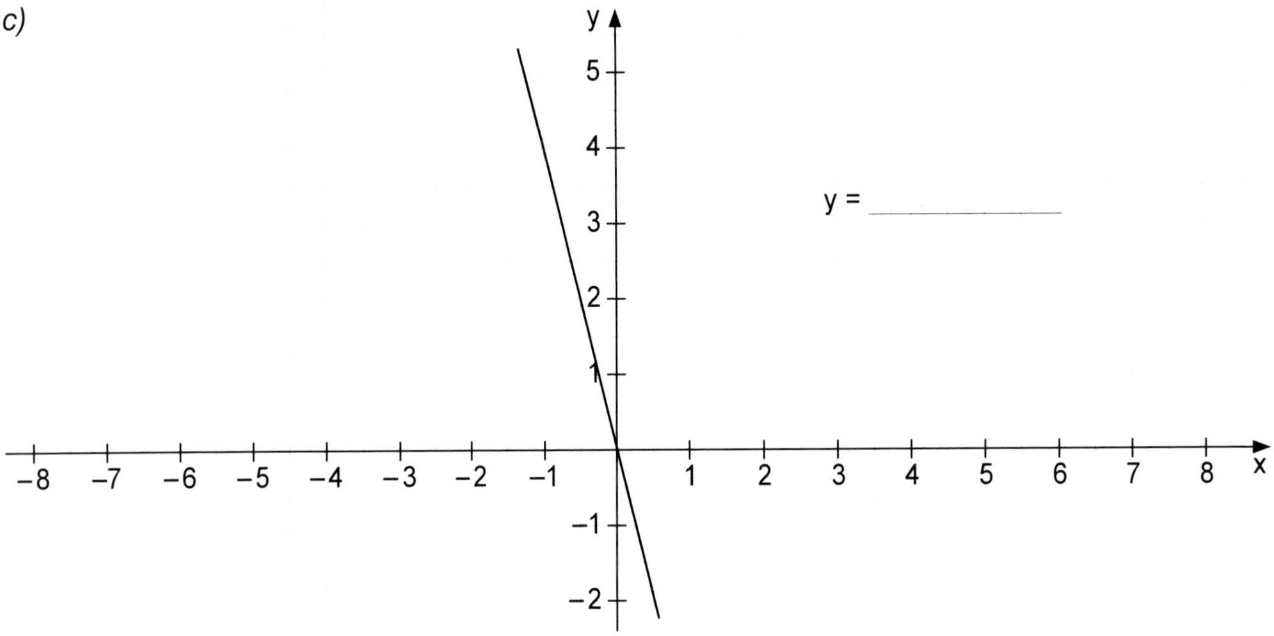

y = ______________

*d)*

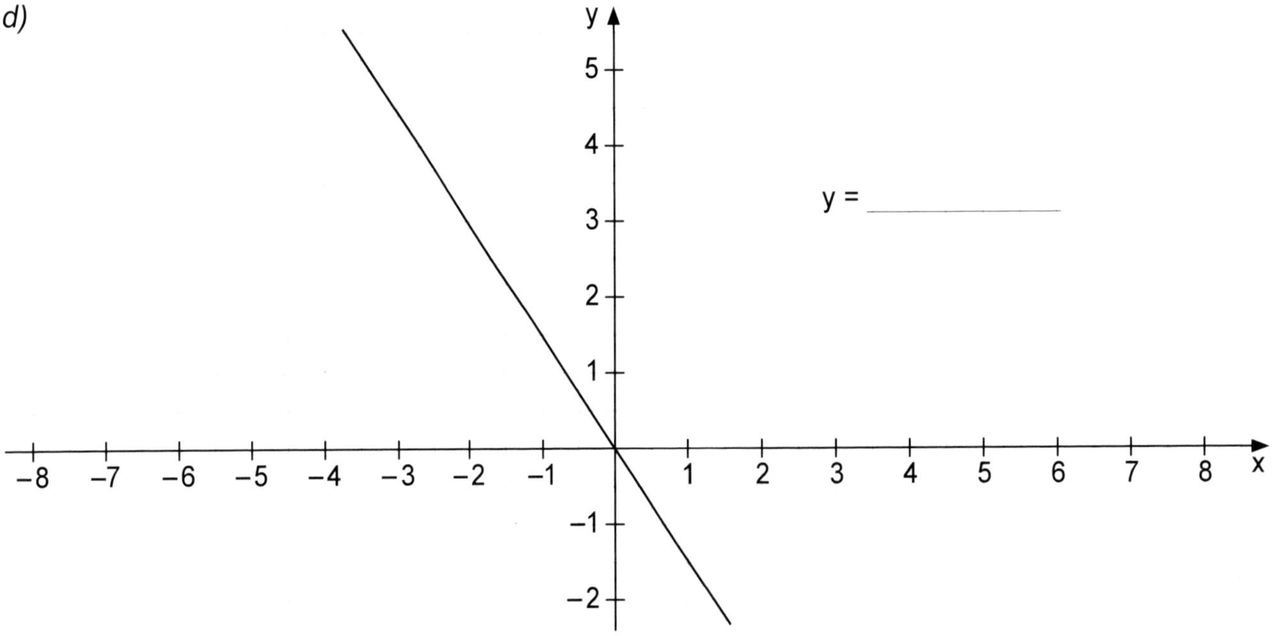

y = ______________

# Lineare Funktionen (y = mx + n)

Lineare Funktionsgraphen, die <u>nicht</u> durch den Nullpunkt des Koordinatensystems gehen, weisen in der Regel die Form $y = mx + n$ auf.

n gibt die Stelle (= y-Wert) an, an der der Graph die y-Achse schneidet. Hier ist $x = 0$.

m nennt die Steigung des Graphen. Den Wert für m erhält man, wenn ein Steigungsdreieck am Graphen gezeichnet wird. m ergibt sich durch das Teilen (= Division) des y-Abschnittes des Steigungsdreiecks durch den x-Abschnitt. Einen positiven Wert besitzt m, wenn der Graph im Koordinatensystem von unten links nach oben rechts verläuft, einen negativen Wert, falls der Graph sich von unten rechts nach oben links erstreckt.

Beispiele:

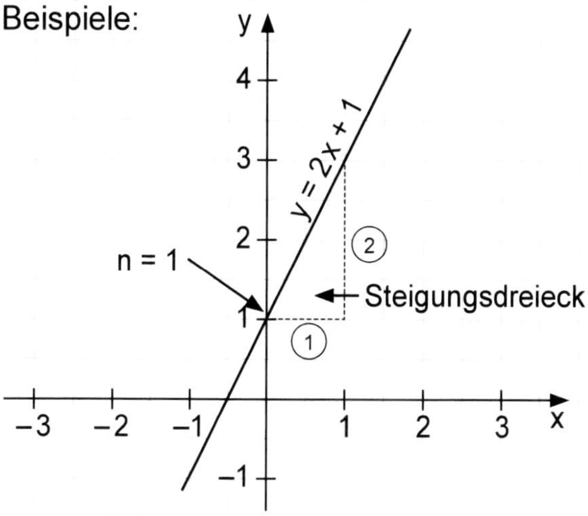


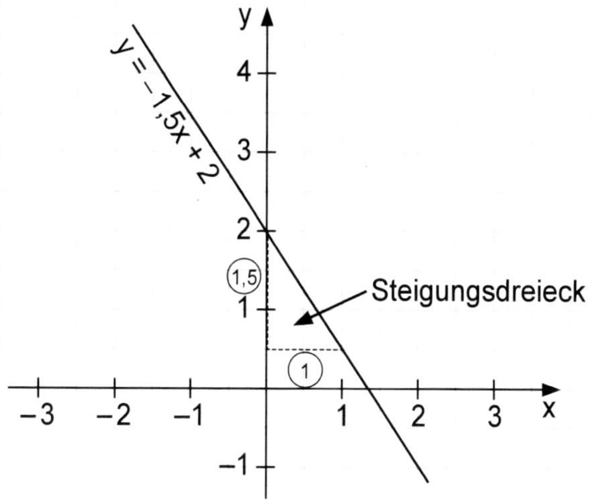


**<u>Aufgabe 1</u>:** *Nenne die Funktionsgleichungen der anschließenden Graphen? Zeichne jeweils ein Steigungsdreieck ein! Erstelle auch Wertetabellen!*

*a)*

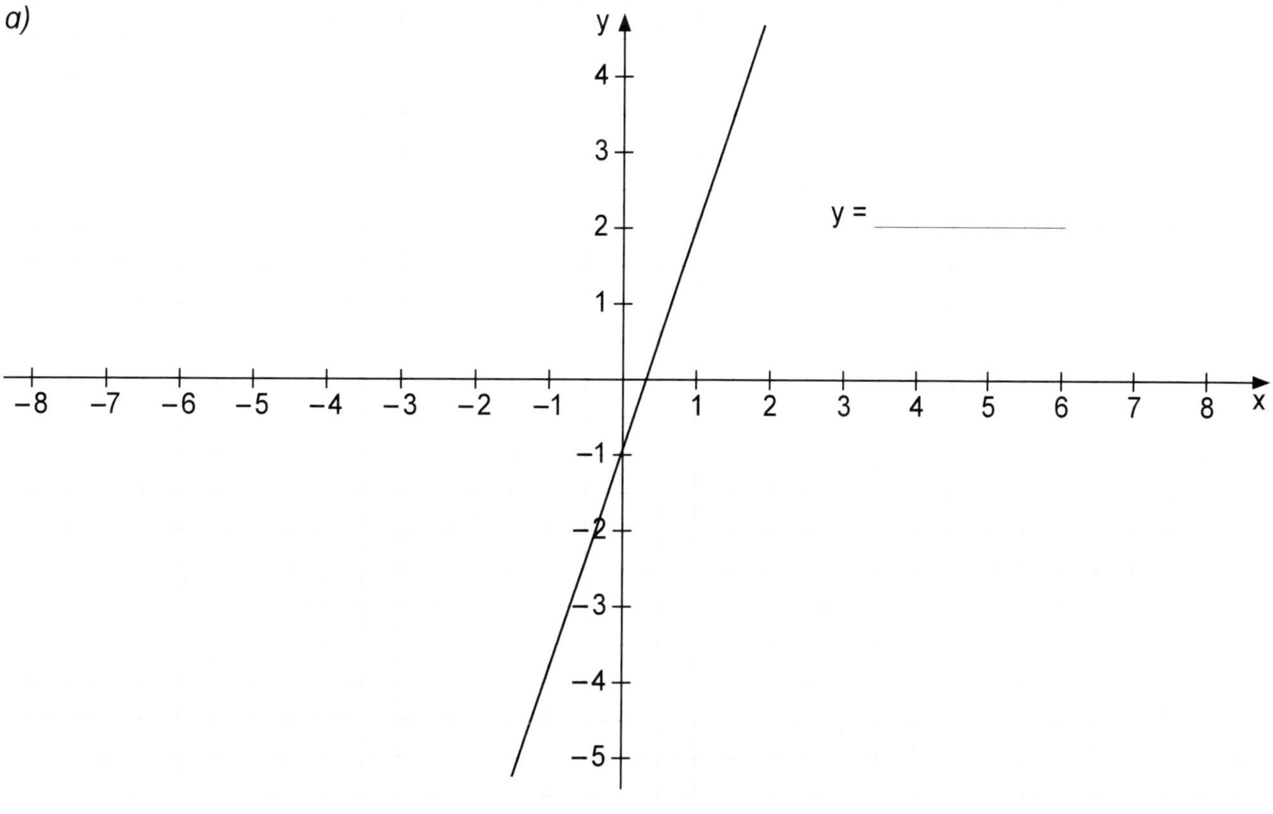

y = ____________

*b)*

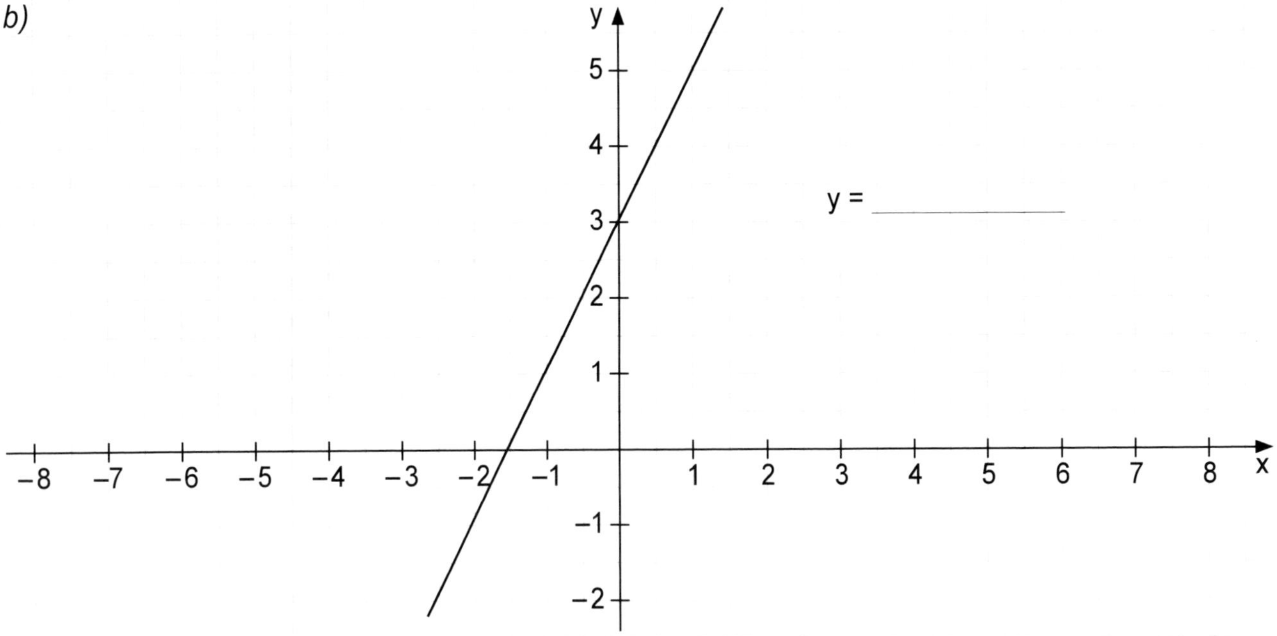

y = ______________

*c)*

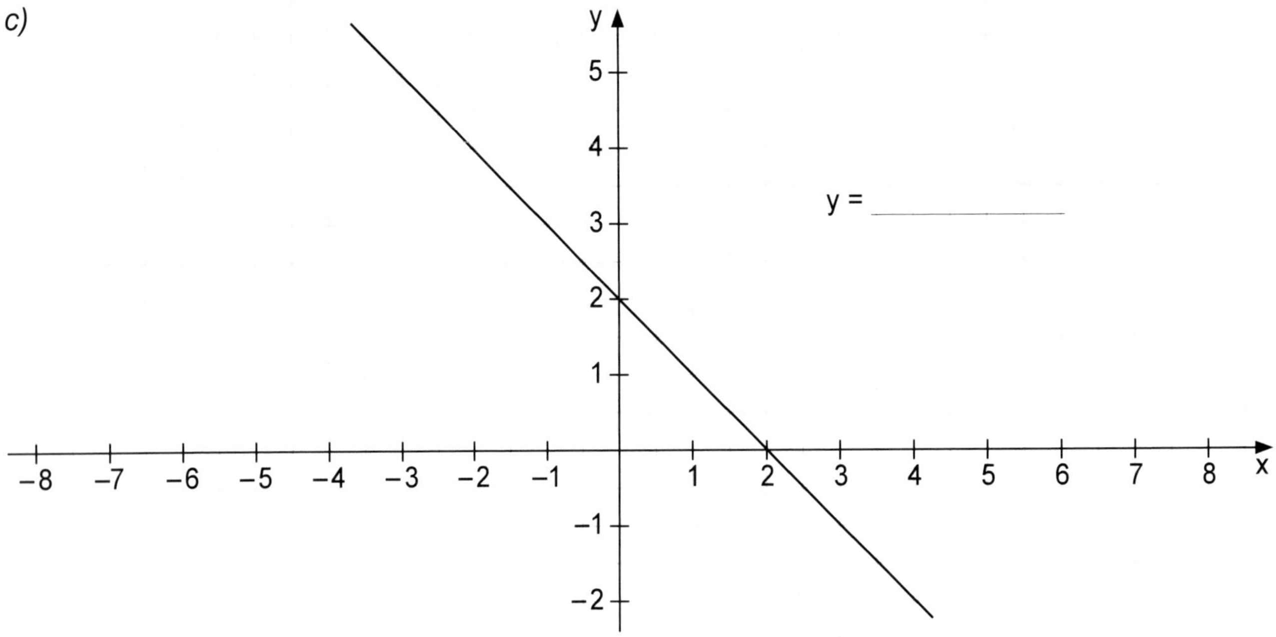

y = ______________

*d)*

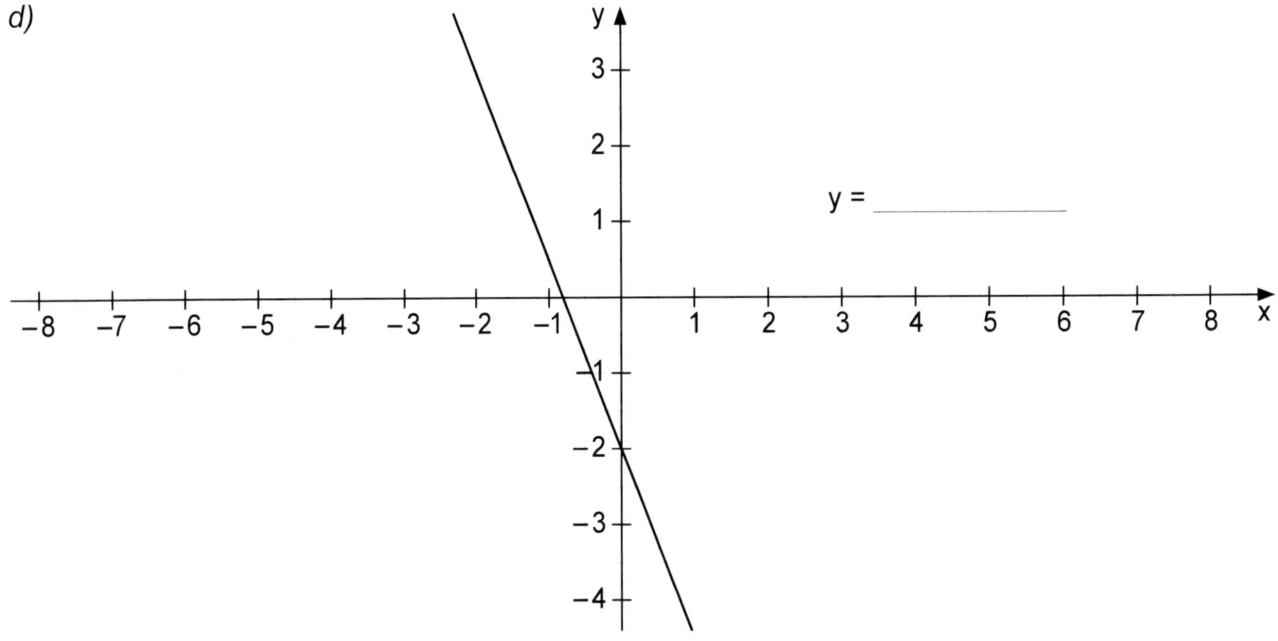

y = ______________



KOHL VERLAG Lineare Funktionen
Kopiervorlagen – Bestell-Nr. 11 536

# Lineare Funktionen (Übungen zu Wertetabellen und Graphen)

**Aufgabe 1:** *Schreibe zu den anschließend genannten Funktionsgleichungen jeweils eine Wertetabelle mit 8 Wertepaaren auf und zeichne den Graphen in ein Koordinatensystem ein!*

*a)* $y = x + 5$

*b)* $y = 2x - 2$

**<u>Aufgabe 1</u>:** *Schreibe zu den anschließend genannten Funktionsgleichungen jeweils eine Wertetabelle mit 8 Wertepaaren auf und zeichne den Graphen in ein Koordinatensystem ein!*

*c)* $y = -x + 1$

*d)* $y = -3x - 4$

# Lineare Funktionen (Benennen der Funktionsgleichungen bei Buchstaben)

**Aufgabe 1:** *Wie heißen die Funktionsgleichungen der jeweils in einem Koordinatensystem dargestellten Buchstaben? Notiere Wertetabellen, um festzustellen, ob die einzelnen Funktionsgleichungen tatsächlich richtig benannt sind!*

*a)*

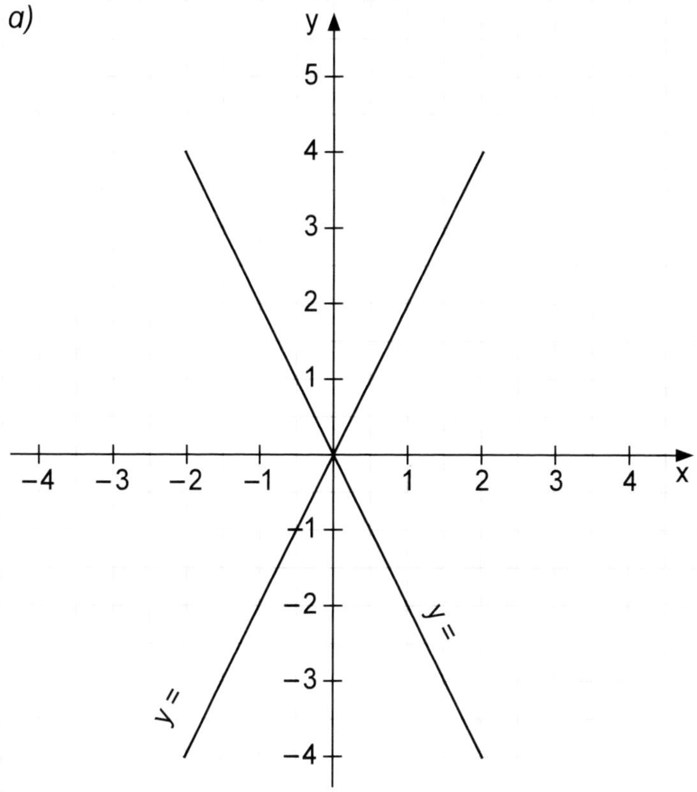


Funktionsgleichung:
y =

Wertetabelle:

| x | y |
|---|---|
| | |
| | |
| | |
| | |
| | |

Funktionsgleichung:
y =

Wertetabelle:

| x | y |
|---|---|
| | |
| | |
| | |
| | |
| | |

*b)*

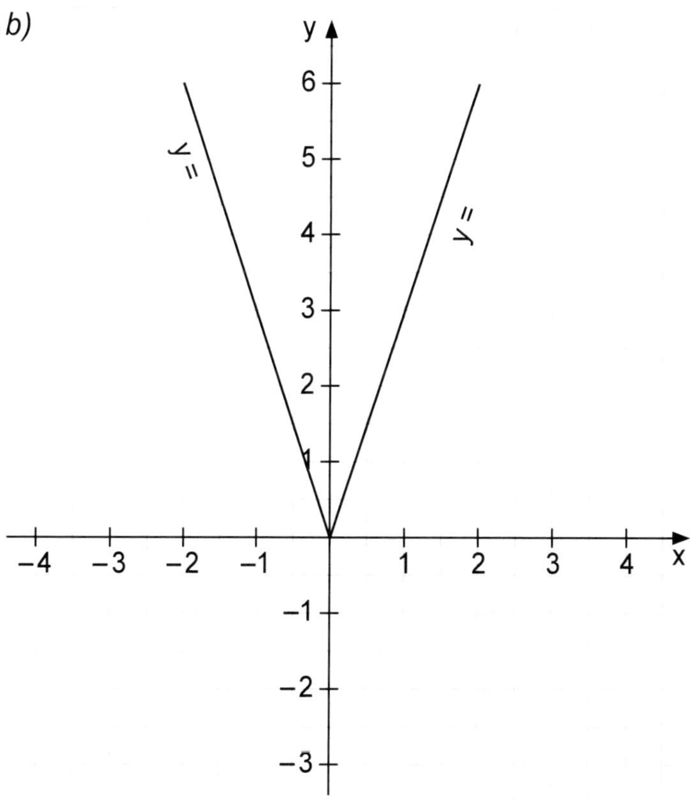


Funktionsgleichung:
y =

Wertetabelle:

| x | y |
|---|---|
| | |
| | |
| | |
| | |
| | |

Funktionsgleichung:
y =

Wertetabelle:

| x | y |
|---|---|
| | |
| | |
| | |
| | |
| | |

**Aufgabe 1:** *Wie heißen die Funktionsgleichungen des zweimal im Koordinatensystem dargestellten Buchstabens „W“? Notiere Wertetabellen, um festzustellen, ob die einzelnen Funktionsgleichungen tatsächlich richtig benannt sind!*

*c)*

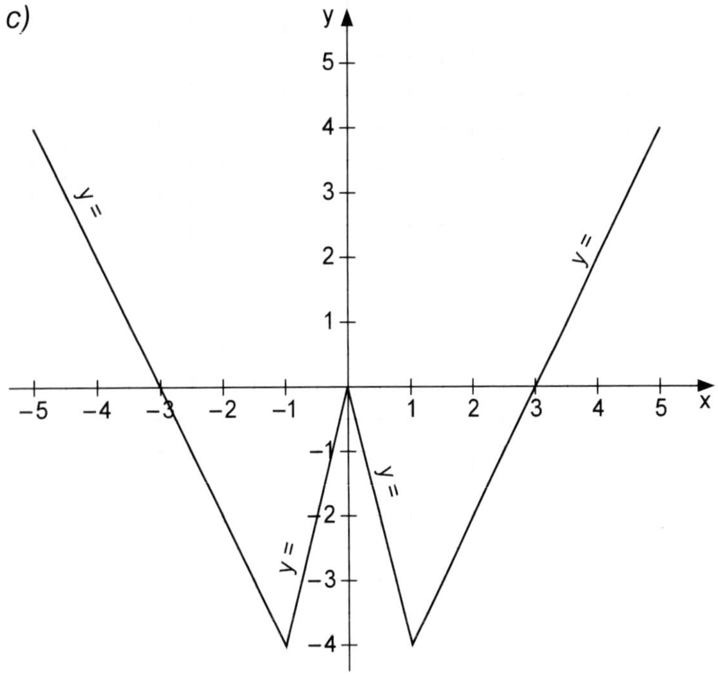


Funktionsgleichung:
y =

Wertetabelle:

| x | y |
|---|---|
| | |
| | |
| | |
| | |
| | |

Funktionsgleichung:
y =

Wertetabelle:

| x | y |
|---|---|
| | |
| | |
| | |
| | |
| | |

Funktionsgleichung:
y =

Wertetabelle:

| x | y |
|---|---|
| | |
| | |
| | |
| | |
| | |

Funktionsgleichung:
y =

Wertetabelle:

| x | y |
|---|---|
| | |
| | |
| | |
| | |
| | |

*d)*

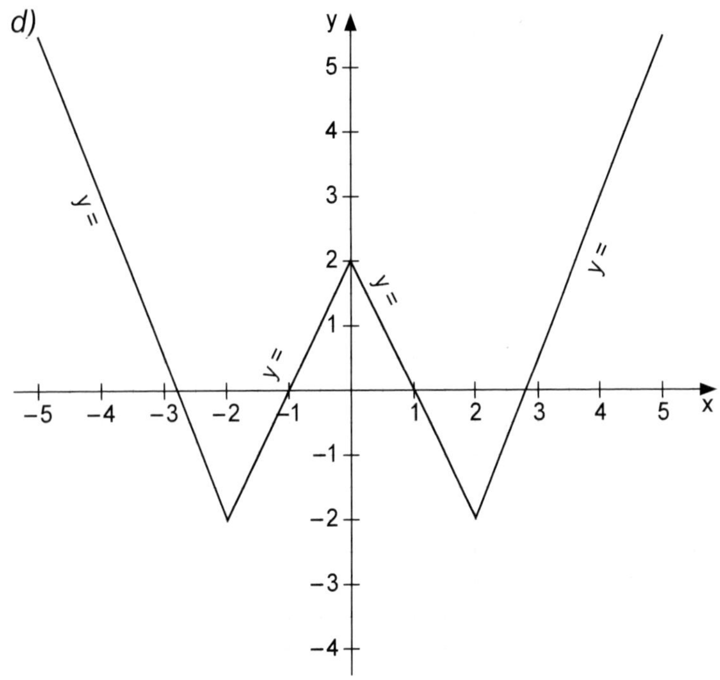


Funktionsgleichung:
y =

Wertetabelle:

| x | y |
|---|---|
| | |
| | |
| | |
| | |
| | |

Funktionsgleichung:
y =

Wertetabelle:

| x | y |
|---|---|
| | |
| | |
| | |
| | |
| | |

Funktionsgleichung:
y =

Wertetabelle:

| x | y |
|---|---|
| | |
| | |
| | |
| | |
| | |

Funktionsgleichung:
y =

Wertetabelle:

| x | y |
|---|---|
| | |
| | |
| | |
| | |
| | |

KOHL VERLAG
Lineare Funktionen
Kopiervorlagen – Bestell-Nr. 11 536

# Lineare Funktionen (Bestimmen von Funktionsgleichungen bei Vierecken)

**Aufgabe 1:** *Finde heraus, wie die Funktionsgleichungen der Seiten bei den im Koordinatensystem dargestellten Vierecken heißen! Erstelle Wertetabellen, um zu überprüfen, ob die herausgefundenen Funktionsgleichungen wirklich stimmen und auf die jeweilige Seite des Vierecks zutreffen!*

*a)*

Wertetabelle:

| x | y |
|---|---|
| | |
| | |
| | |
| | |
| | |

Wertetabelle:

| x | y |
|---|---|
| | |
| | |
| | |
| | |
| | |

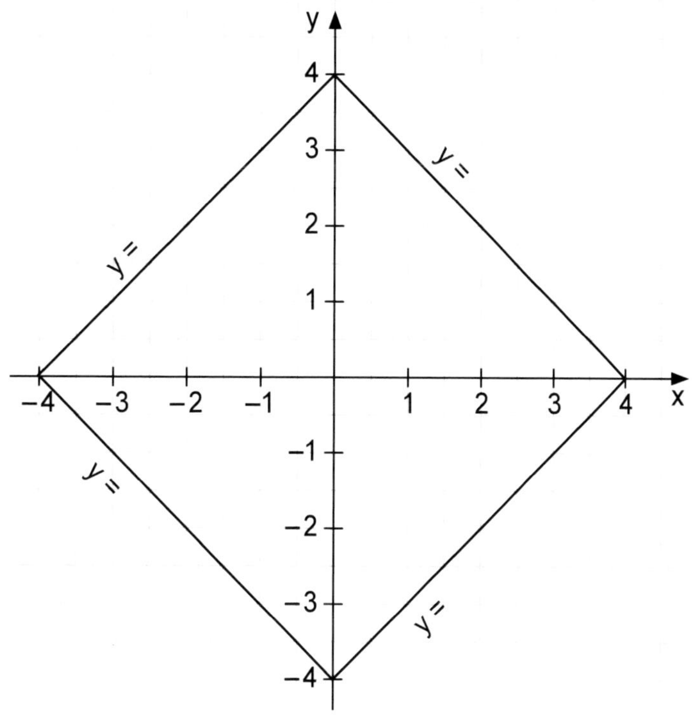


Wertetabelle:

| x | y |
|---|---|
| | |
| | |
| | |
| | |
| | |

Wertetabelle:

| x | y |
|---|---|
| | |
| | |
| | |
| | |
| | |

*a)*

Wertetabelle:

| x | y |
|---|---|
| | |
| | |
| | |
| | |
| | |

Wertetabelle:

| x | y |
|---|---|
| | |
| | |
| | |
| | |
| | |

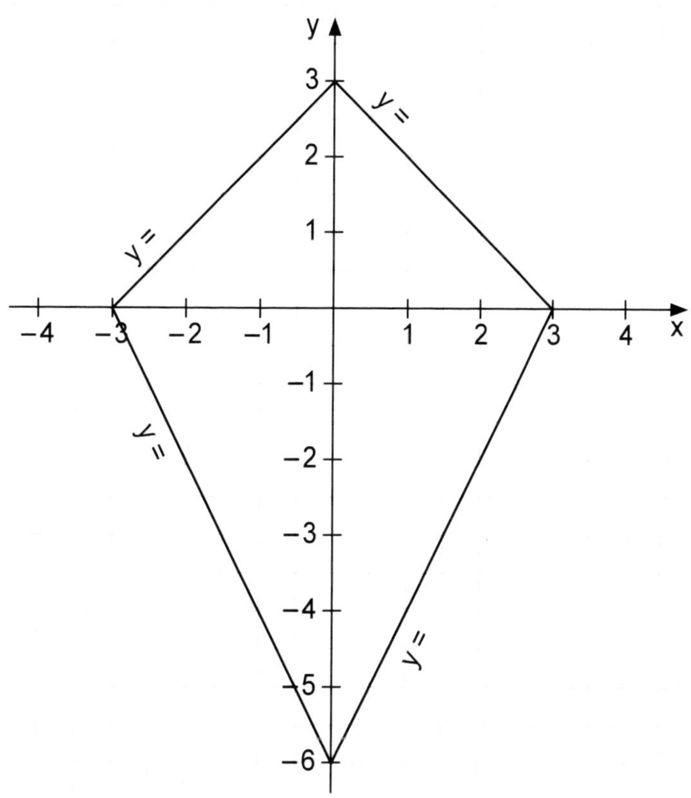


Wertetabelle:

| x | y |
|---|---|
| | |
| | |
| | |
| | |
| | |

Wertetabelle:

| x | y |
|---|---|
| | |
| | |
| | |
| | |
| | |

**Aufgabe 1:** *Finde heraus, wie die Funktionsgleichungen der Seiten bei den im Koordinatensystem dargestellten Vierecken heißen! Berechne Wertetabellen, um zu überprüfen, ob die herausgefundenen Funktionsgleichungen wirklich stimmen, auf die jeweilige Seite des Vierecks zutreffen!*

*c)*

Wertetabelle:

| x | y |
|---|---|
| | |
| | |
| | |
| | |
| | |

Wertetabelle:

| x | y |
|---|---|
| | |
| | |
| | |
| | |
| | |

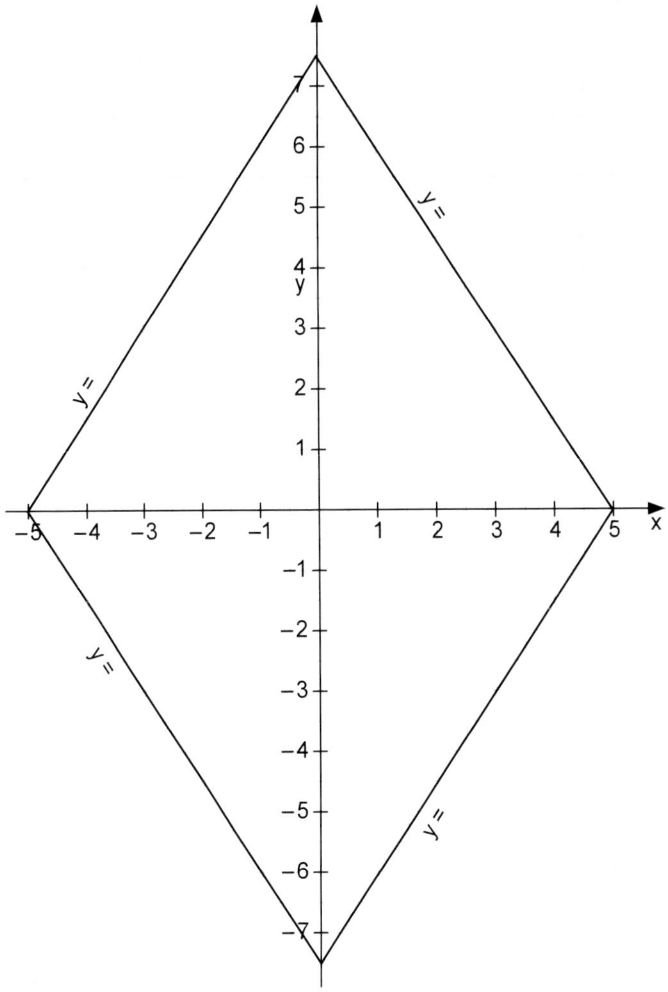


Wertetabelle:

| x | y |
|---|---|
| | |
| | |
| | |
| | |
| | |

Wertetabelle:

| x | y |
|---|---|
| | |
| | |
| | |
| | |
| | |

*d)*

Wertetabelle:

| x | y |
|---|---|
| | |
| | |
| | |
| | |
| | |

Wertetabelle:

| x | y |
|---|---|
| | |
| | |
| | |
| | |
| | |

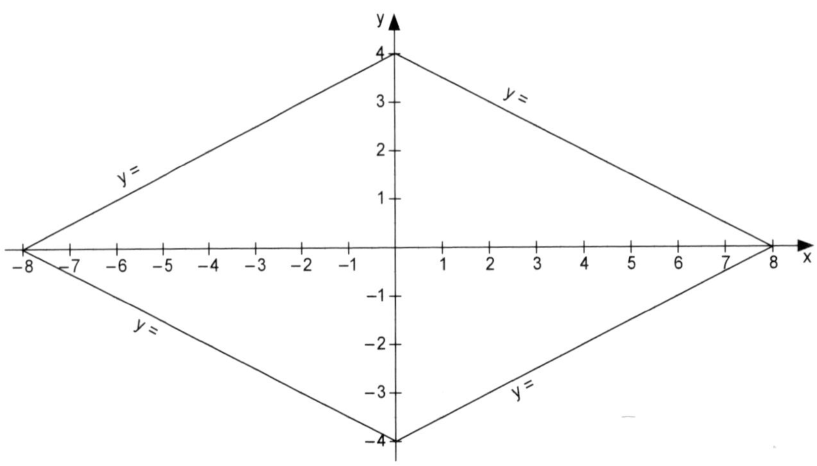


Wertetabelle:

| x | y |
|---|---|
| | |
| | |
| | |
| | |
| | |

Wertetabelle:

| x | y |
|---|---|
| | |
| | |
| | |
| | |
| | |

# Lineare Funktionen (Nullstellen)

Die Nullstelle einer linearen Funktion ist der Punkt, an dem der jeweilige Funktionsgraph die x-Achse im Koordinatensystem schneidet. An dieser Stelle beträgt der y-Wert 0. Berechnen lässt sich die Nullstelle (= x-Wert), indem in der Funktionsgleichung für y der Wert 0 eingesetzt wird und die Funktionsgleichung nach x aufgelöst wird.

Beispiel:

$$\begin{aligned} y &= 4x - 2 \\ 0 &= 4x - 2 && \mid \text{Seitentausch} \\ 4x - 2 &= 0 && \mid +2 \\ 4x &= 2 && \mid :4 \\ x &= 0{,}5 \end{aligned}$$

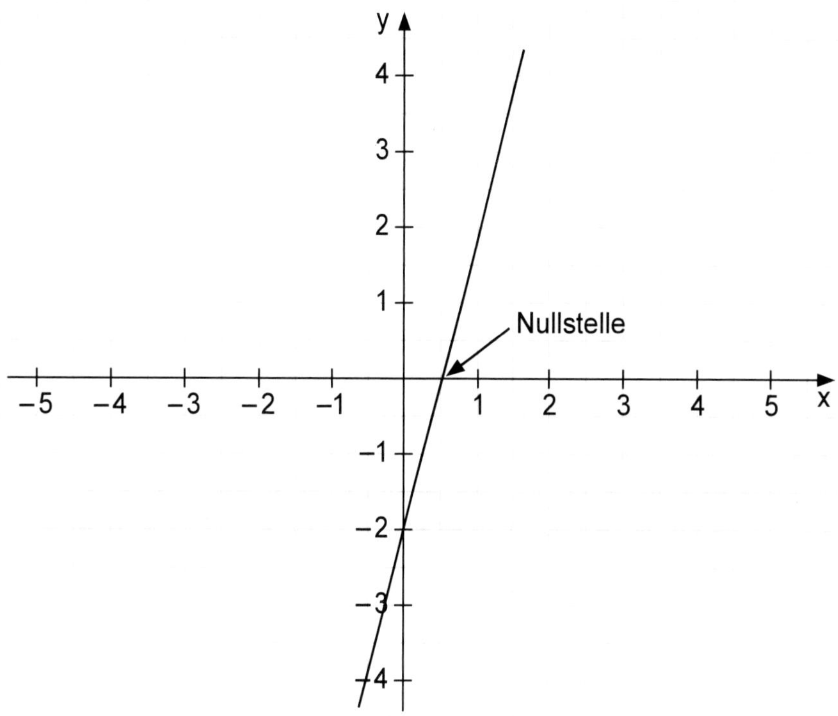


**Aufgabe 1:** *Berechne die jeweilige Nullstelle der folgenden Funktionsgleichungen und zeichne die Graphen mit ihrer Nullstelle ins Koordinatensystem ein! Erstelle zudem Wertetabellen!*

*a)* $y = 2x + 2$

**Aufgabe 1:** *Berechne die jeweilige Nullstelle der folgenden Funktionsgleichungen und zeichne die Graphen mit ihrer Nullstelle ins Koordinatensystem ein!*

*b)* $y = 3x - 6$

*c)* $y = 1,5x - 4,5$

*d)* $y = -0,5x + 3$

# Nullstellen-Puzzle

**Aufgabe 1:** *Ordne richtig zu! Welche in der oberen Hälfte dieser Seite genannte Nullstelle gehört zu welcher unten genannten Funktionsgleichung?*

Zur Erinnerung:
Die Nullstelle ist ein Punkt, an dem der jeweilige Graph die y-Achse schneidet. An dieser Stelle beträgt der y-Wert 0.

$x = 4$ $x = 6$ $x = 3$ $x = 2$ $x = 5$ $x = -2$ $x = 1$ $x = -1$ $x = -4$ $x = -3$

Nullstellen:

a) $y = x - 5$ ____

b) $y = -x + 1$ ____

c) $y = -2x + 4$ ____

d) $y = 0{,}5x + 2$ ____

e) $y = 1{,}5x + 3$ ____

f) $y = -2{,}5x + 7{,}5$ ____

g) $y = 1\frac{1}{2}x - 6$ ____

h) $y = \frac{1}{3}x + 1$ ____

i) $y = -\frac{1}{4}x + 1\frac{1}{2}$ ____

j) $y = \frac{4}{3}x + \frac{4}{3}$ ____

# „Stadt – Land – Fluss ... mal anders" – diesmal mit Funktionsgleichungen

**Spielerzahl:** ab 2 Personen/Teams

**Spielmaterialien:** zumindest 10 Spielkarten (siehe Vorlagen S. 29);
je Spieler/Team: 1 Spielplan (siehe Vorlage S. 30), 1 Schreibstift;
evtl. 1 Spielplan (siehe Vorlage S. 31)

**Spielregeln:** Vor Spielbeginn werden zumindest 10 Spielkarten (siehe Vorlagen S. 29) gemischt und anschließend mit der Rückseite nach oben als Kartenspiel abgelegt.

In jeder Spielrunde wird vom Kartenstapel die oberste Karte aufgedeckt und die darauf erwähnte Funktionsgleichung für alle Spieler/Teams laut vorgelesen. Die Spieler/Teams notieren die jeweilige Funktionsgleichung ganz links auf ihrem Spielplan in der vorgesehenen Spalte. Sodann hat jeder Spieler/jedes Team bezogen auf die aufgedeckte Funktionsgleichung zu den auf dem Spielplan genannten x-Werten die y-Werte sowie die Nullstelle zu berechnen.

Wer in der jeweiligen Zeile zuerst alle seine Ergebnisse notiert hat, ruft „Stop!". Die weiteren Spieler/Teams müssen sogleich aufhören zu rechnen und Ergebnisse aufzuschreiben. Zwischen den Spielern/Teams werden nun die Spielpläne kurzfristig ausgetauscht, um die aufgeschriebenen Ergebnisse auf Richtigkeit zu überprüfen und die erzielten Punkte auf dem erhaltenen Spielplan auf der rechten Seite schriftlich festzuhalten. Für jede richtige Lösung bekommt der betreffende Spieler/das betreffende Team 1 Punkt! Je Spielrunde sind maximal 8 Punkte erreichbar.

**Spielsieg:** Wer schließlich nach 10 Spielrunden die meisten Punkte geholt hat, ist Spielsieger.

**Variationen:**
- Weitere Spielkarten mit anderen Funktionsgleichungen werden in das Spiel aufgenommen.
- Die Spieler/Teams erhalten ein Blatt mit 10 vorgegebenen Funktionsgleichungen (siehe Vorlage S. 30), auf dem die gefragten Resultate aufgeschrieben werden müssen.
- Ein Spielplan wird erstellt, auf dem andere x-Werte angeführt bzw. anstelle von y-Werten nach x-Werten gesucht wird.

# „Stadt – Land – Fluss … mal anders“ – diesmal mit Funktionsgleichungen – Spielkarten

| | | | | |
|---|---|---|---|---|
| $y = 3x$ | $y = x + 3$ | $y = -x + 2$ | $y = 2x + 4$ | $y = 4x - 2$ |
| $y = -3x + 6$ | $y = 1{,}5x - 4{,}5$ | $y = -2{,}5x + 5$ | $y = 0{,}25x + 1{,}5$ | $y = 4\frac{1}{4}x - 8\frac{1}{2}$ |
| | | | | |
| | | | | |

Blanko-Karten zum Beschriften

# „Stadt – Land – Fluss … mal anders“ – diesmal mit Funktionsgleichungen

| Funktions-gleichungen | $x = 0$ | $x = 1$ | $x = 2$ | $x = 0{,}5$ | $x = -1$ | $x = -2$ | $x = -2{,}5$ | Nullstellen | Punkte |
|---|---|---|---|---|---|---|---|---|---|
| $y = 3x$ | $y =$ | $y =$ | $y =$ | $y =$ | $y =$ | $y =$ | $y =$ | $x =$ | |
| $y = x + 3$ | $y =$ | $y =$ | $y =$ | $y =$ | $y =$ | $y =$ | $y =$ | $x =$ | |
| $y = -x + 2$ | $y =$ | $y =$ | $y =$ | $y =$ | $y =$ | $y =$ | $y =$ | $x =$ | |
| $y = 2x + 4$ | $y =$ | $y =$ | $y =$ | $y =$ | $y =$ | $y =$ | $y =$ | $x =$ | |
| $y = 4x - 2$ | $y =$ | $y =$ | $y =$ | $y =$ | $y =$ | $y =$ | $y =$ | $x =$ | |
| $y = -3x + 6$ | $y =$ | $y =$ | $y =$ | $y =$ | $y =$ | $y =$ | $y =$ | $x =$ | |
| $y = 1{,}5x - 4{,}5$ | $y =$ | $y =$ | $y =$ | $y =$ | $y =$ | $y =$ | $y =$ | $x =$ | |
| $y = -2{,}5x + 5$ | $y =$ | $y =$ | $y =$ | $y =$ | $y =$ | $y =$ | $y =$ | $x =$ | |
| $y = 0{,}25x + 1{,}5$ | $y =$ | $y =$ | $y =$ | $y =$ | $y =$ | $y =$ | $y =$ | $x =$ | |
| $y = 4\frac{1}{4}x - 8\frac{1}{2}$ | $y =$ | $y =$ | $y =$ | $y =$ | $y =$ | $y =$ | $y =$ | $x =$ | |
| Spielername(n): | | | | | Gesamtzahl der erzielten Punkte: | | | | |

# „Stadt – Land – Fluss … mal anders“ – diesmal mit Funktionsgleichungen – Blankovorlage

| Funktions-gleichungen | | | | | | | | | Punkte |
|---|---|---|---|---|---|---|---|---|---|
| | | | | | | | | | |
| | | | | | | | | | |
| | | | | | | | | | |
| | | | | | | | | | |
| | | | | | | | | | |
| | | | | | | | | | |
| | | | | | | | | | |
| | | | | | | | | | |
| | | | | | | | | | |
| | | | | | | | | | |
| Spielername(n): | | | | | Gesamtzahl der erzielten Punkte: | | | | |

# Lineare Funktionen (Benennen von Funktionsgleichungen)

Lineare Funktionsgleichungen lassen sich als Graphen zeichnen und benennen, wenn davon nur 2 Punkte bekannt sind.
Bei der zeichnerischen Darstellung einer Funktionsgleichung im Koordinatensystem werden beide Punkte mit einer geraden Linie verbunden. Im Weiteren wird die gezogene Linie (= Graph) über die zwei Punkte hinweg in beide Richtungen verlängert.

Beispiel: Gegeben sind die beiden Punkte P (1 / 5) und Q (–1 / –1)

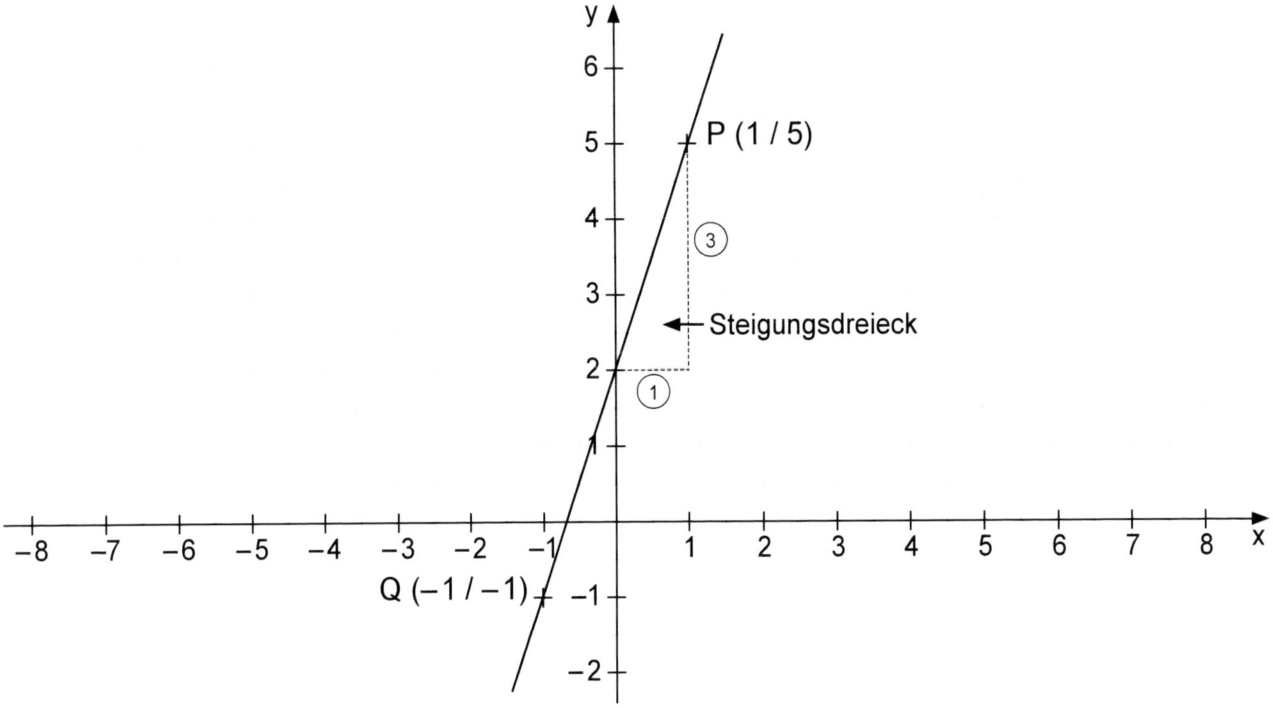


Bestimmen der Steigung (m):
Am Graphen wird ein geeignetes Steigungsdreieck gezeichnet. Bezogen auf das Steigungsdreieck wird die Längeneinheit des y-Abschnittes durch die Längeneinheit des x-Abschnittes geteilt (dividiert). Dadurch ergibt sich der Wert für m.
m lässt sich auch nach Formeln berechnen: $m = \frac{y_P - y_Q}{x_P - x_Q}$ oder $m = \frac{y_Q - y_P}{x_Q - x_P}$

n ist der y-Wert, an dem der Graph die y-Achse schneidet. Der y-Wert für n kann aus der Zeichnung abgelesen werden. Möglich ist ebenfalls, n zu berechnen. Dabei werden die x- und y-Koordinate von P oder Q sowie der erhaltene m-Wert in die Funktionsgleichung y = mx + n eingesetzt und die Gleichung nach n aufgelöst.

Berechnung von m im angeführten Beispiel:

$m = \frac{y_P - y_Q}{x_P - x_Q}$ $\quad m = \frac{5 - (-1)}{1 - (-1)}$

$m = \frac{5 + 1}{1 + 1}$

$m = \frac{6}{2}$

$m = 3$

Berechnung von n im angeführten Beispiel:

$y = mx + n$

$y_P = m \cdot x_P + n$

$5 = 3 \cdot 1 + n$

$5 = 3 + n$ | Seitentausch

$3 + n = 5$ | –3

$n = 2$

Somit lautet die Funktionsgleichung: y = 3x + 2

**Aufgabe 1:** *Zeichne und benenne die Funktionsgleichung, durch die die zwei anschließend genannten Punkte jeweils verlaufen!*

*a)* P (2 / 6) und Q (0 / 4)

*b)* P (3 / –3,5) und Q (–2 / –1)

# „Funktionsgleichung gesucht" – ein Spiel

**Spielerzahl:** ab 2 Personen/Teams

**Spielmaterialien:** 4 Würfel mit den Augenzahlen 1–6,
Spielleiter: 1 Wandtafel und Kreide bzw. Papier und 1 Schreibstift (zum Notieren der von den einzelnen Spielern/Teams erzielten Punkte);
je Spieler/Team: zumindest 1 Bleistift, 1 Radiergummi, 1 kariertes Blatt Papier mit z. B. zwei eingezeichneten Koordinatensystemen (siehe Vorlage auf der nächsten Seite)

**Spielregeln:** Die Spieler/Teams sind während des Spiels abwechselnd an der Reihe. Wer dran ist, würfelt einmal mit 4 Würfeln.

Aus den einzelnen Augenzahlen muss der betreffende Spieler/das betreffende Team die Koordinaten von zwei Punkten im Koordinatensystem bilden.

Beispiel: Gewürfelt werden eine „Zwei", eine „Drei", eine „Fünf" und eine „Sechs". Ein Spieler setzt die Augenzahlen als Koordinaten A (2 / 5) und B (3 / 6) ein.

Anhand der zwei Punkte hat der jeweilige Spieler/das jeweilige Team zu bestimmen, wie die Funktionsgleichung heißt, deren Graph durch die erwürfelten Punkte verläuft.

Beispiel: Die Funktionsgleichung, deren Graph durch die Punkte A (2 / 5) und B (3 / 6) geht, heißt $y = x + 3$.

Für jede richtig herausgefundene Funktionsgleichung gibt es einen Punkt

**Spielsieg:** Spielsieger ist, wer schließlich die meisten Punkte aufweist.

**Variation:** Um auch Punkte mit negativen x- und/oder y-Werten ins Spiel aufzunehmen, lassen sich die Würfelergebnisse zweier Würfel als negative Zahlen, die der beiden anderen Würfel als positive Zahlen verwenden.

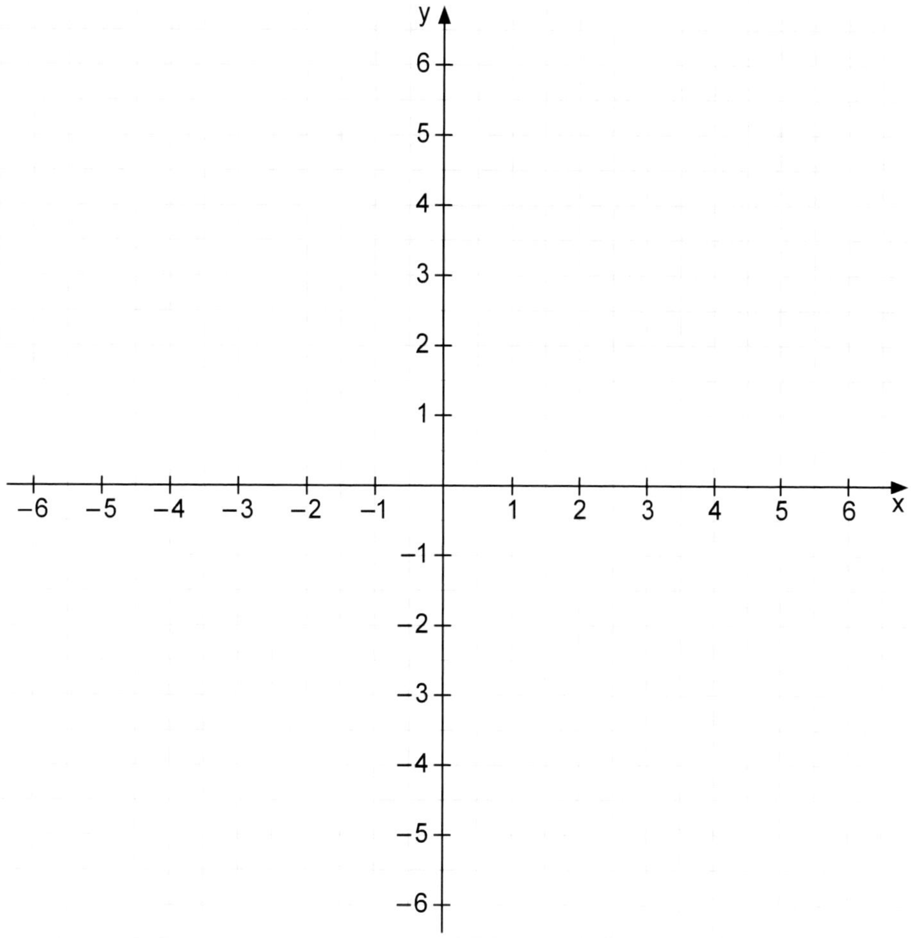
y
6
5
4
3
2
1
−6 −5 −4 −3 −2 −1 1 2 3 4 5 6 x
−1
−2
−3
−4
−5
−6

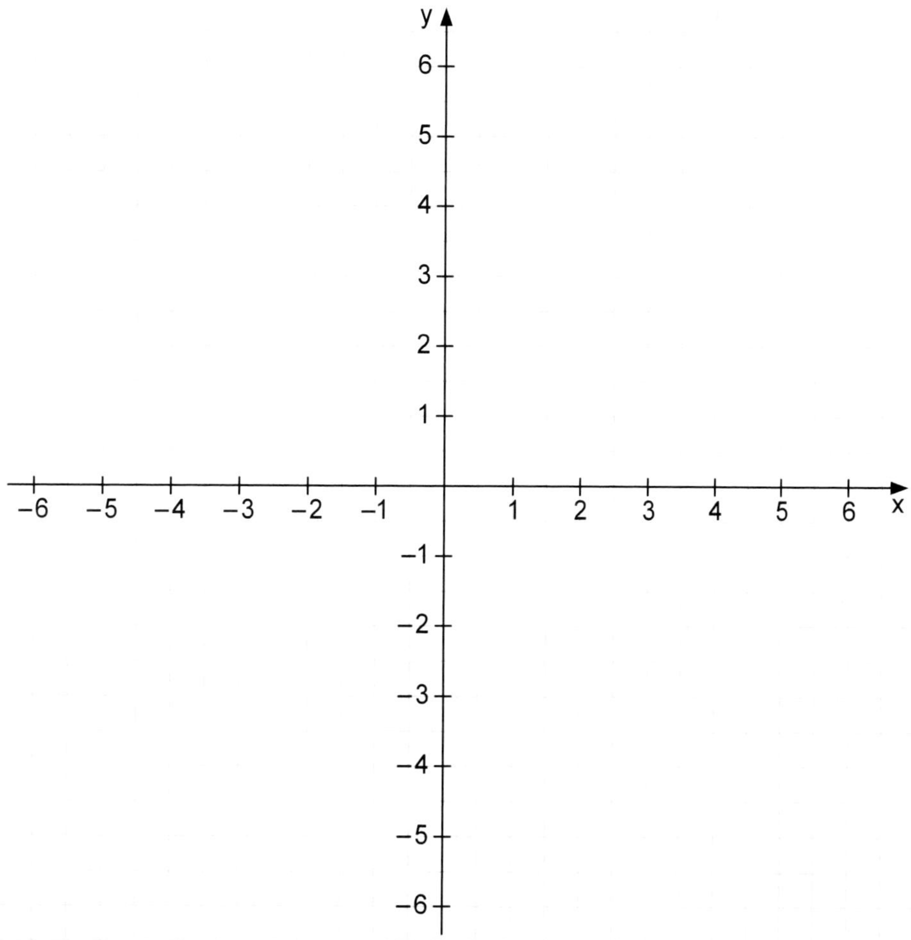
y
6
5
4
3
2
1
−6 −5 −4 −3 −2 −1 1 2 3 4 5 6 x
−1
−2
−3
−4
−5
−6

## Lineare Funktionen (Übungen zum Zeichnen und Benennen von Funktionsgleichungen anhand von 2 Punkten)

**<u>Aufgabe 1</u>:** *Die Koordinaten von jeweils 2 Punkten im Koordinatensystem sind bekannt. Zeichne den Graphen, der durch die beiden genannten Punkte geht, in ein Koordinatensystem ein. Im Weiteren ermittle, wie die Funktionsgleichung zum jeweiligen Graphen heißt. Kontrolliere, ob die festgestellte Funktionsgleichung tatsächlich stimmt. Stelle deshalb zur Funktionsgleichung eine Wertetabelle mit Wertepaaren auf. Liegen alle Punkte der Wertetabelle auf dem Graphen?*

*a)* P (4 / 6), Q (0 / 2)

*b)* P (–2 / 5), Q (1 / –4)

KOHL VERLAG Lineare Funktionen
Kopiervorlagen – Bestell-Nr. 11 536

**Aufgabe 1:** *Die Koordinaten von jeweils 2 Punkten im Koordinatensystem sind bekannt. Zeichne den Graphen, der durch die beiden genannten Punkte geht, in ein Koordinatensystem ein. Im Weiteren ermittle, wie die Funktionsgleichung zum jeweiligen Graphen heißt. Kontrolliere, ob die festgestellte Funktionsgleichung tatsächlich stimmt. Stelle deshalb zur Funktionsgleichung eine Wertetabelle mit Wertepaaren auf. Liegen alle Punkte der Wertetabelle auf dem Graphen?*

*c)* P (1 / 2,5), Q (4 / –5)

*d)* P (6 / –1,5), Q (–4 / –4)

# Lineare Funktionen (Bestimmung der Schnittpunkte)

Der Schnittpunkt zweier sich schneidender Graphen kann zeichnerisch und rechnerisch ermittelt werden.

Die Graphen müssen genau gezeichnet werden, um ihren gemeinsamen Schnittpunkt (x- und y-Wert) festzustellen. Dabei sollte zunächst für jede Funktionsgleichung eine Wertetabelle aufgestellt, daraus danach die Punkte (x- und y-Werte) ins Koordinatensystem eingetragen und schließlich die Punkte zu einem Graphen miteinander verbunden werden. Dann lässt sich der Schnittpunkt im Koordinatensystem ablesen.

Beispiel:

$y = -2x + 5$

Wertetabelle:

| x | y |
|---|---|
| 0 | 5 |
| 1 | 3 |
| 2 | 1 |
| 3 | –1 |
| 4 | –3 |

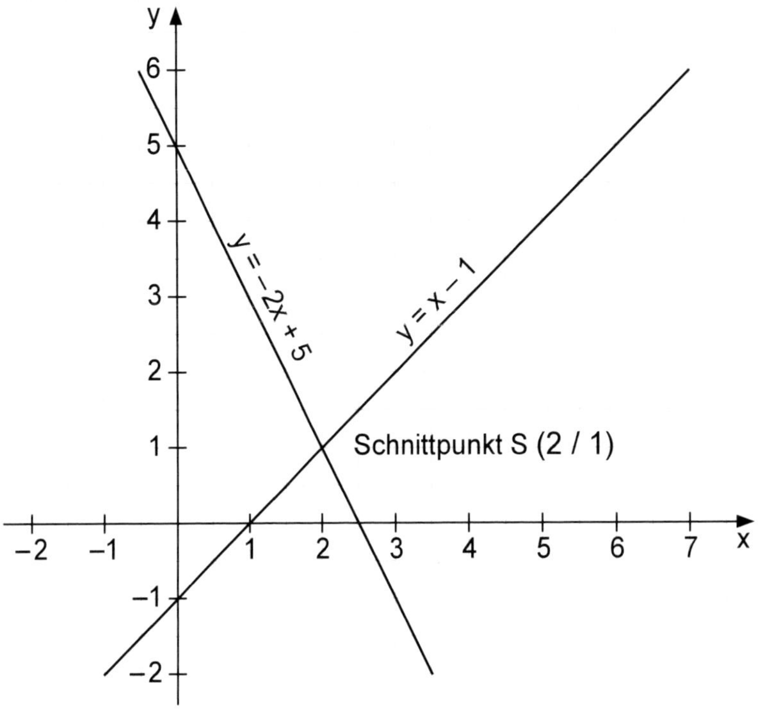


$y = x - 1$

Wertetabelle:

| x | y |
|---|---|
| 0 | –1 |
| 1 | 0 |
| 2 | 1 |
| 3 | 2 |
| 4 | 3 |

Rechnerisch wird der Schnittpunkt zweier linearer Funktionen ermittelt, indem beide Funktionen gleichgesetzt werden und die Gleichung nach x aufgelöst wird. Anschließend wird zum erhaltenen x-Wert der dazugehörige y-Wert berechnet. Dabei wird der x-Wert in eine der beiden Funktionsgleichungen eingesetzt und die Gleichung nach y aufgelöst.

Beispiel: Berechnung des Schnittpunktes der beiden bereits oben genannten Funktionsgleichungen.

$y = x - 1$ und $y = -2x + 5$

Gleichsetzung

$x - 1 = -2x + 5 \quad | + 2x$

$3x - 1 = 5 \quad | + 1$

$3x = 6 \quad | : 3$

$x = 2$

$x = 2$ in $y = x - 1$ eingesetzt:

$y = 2 - 1$

$y = 1$

Schnittpunkt S (2 / 1)

**Aufgabe 1:** *Ermittle zeichnerisch und rechnerisch den Schnittpunkt der zwei jeweils anschließend erwähnten Funktionsgleichungen!*

*a)* $y = 2x - 4$;  $y = -2x + 8$

*b)* $y = 0{,}5x + 4{,}5$;  $y = -3x + 1$

# Lineare Funktionen (Übungen zu Graphen, Wertetabellen, Nullstellen und Schnittpunkten)

**Aufgabe 1:** *a) Zeichne die zwei genannten Funktionsgleichungen als Graphen in ein Koordinatensystem ein und füge zu jeder Funktionsgleichung eine Wertetabelle mit mindestens 5 Wertepaaren hinzu!*

*b) Stelle zeichnerisch und rechnerisch fest, wo jeweils die Nullstelle sowie der gemeinsame Schnittpunkt liegen!*

$y = 2x - 5$; $y = -x + 7$

**Aufgabe 2:** *a) Zeichne die zwei genannten Funktionsgleichungen als Graphen in ein Koordinatensystem ein und füge zu jeder Funktionsgleichung eine Wertetabelle mit mindestens 5 Wertepaaren hinzu!*

*b) Stelle zeichnerisch und rechnerisch fest, wo jeweils die Nullstelle sowie der gemeinsame Schnittpunkt liegen!*

$y = \frac{1}{2}x - 1{,}5$; $y = -4x - 6$

## Lineare Funktionen (Textaufgaben)

**Aufgabe 1:** *Bei einer Bank gibt es für 100 Euro 130 US-Dollar.*

*a) Wie viele US-Dollar bekommt man demzufolge für 250 Euro?*

*b) Stelle eine Wertetabelle auf, wie viel US-Dollar man für 50, 150, 250, 350 sowie 450 Euro erhält!*

*c) Zeichne die Wertepaare als Punkte in das nachfolgende Koordinatensystem ein und verbinde die Punkte zu einem Graphen!*

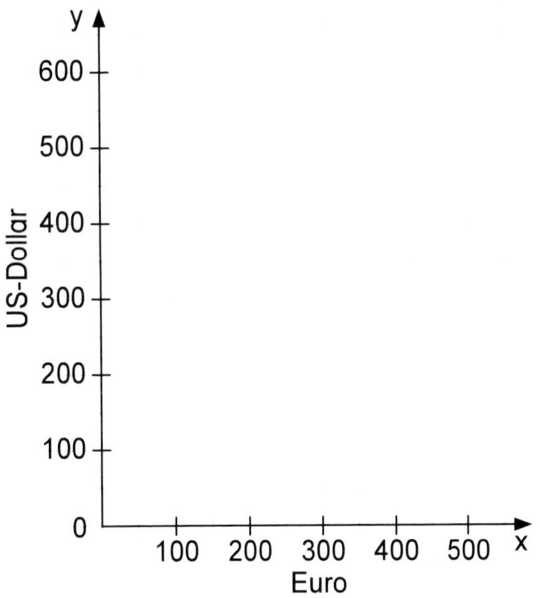


Wertetabelle:

| x | y |
|---|---|
| 50 | |
| 150 | |
| 250 | |
| 350 | |
| 450 | |

**Aufgabe 2:** *In 15 Minuten fährt eine Frau mit dem Fahrrad eine Strecke von 4 km.*

*a) In welcher Zeit schafft die Frau bei gleicher Durchschnittsgeschwindigkeit 16 km?*

*b) Stelle eine Wertetabelle auf, in welcher Zeit die Frau bei gleicher Durchschnittsgeschwindigkeit 12 km, 16 km, 20 km, 24 km und 28 km zurücklegt!*

*c) Zeichne die Wertepaare als Punkte in das untere Koordinatensystem ein und verbinde die Punkte zu einem Graphen!*

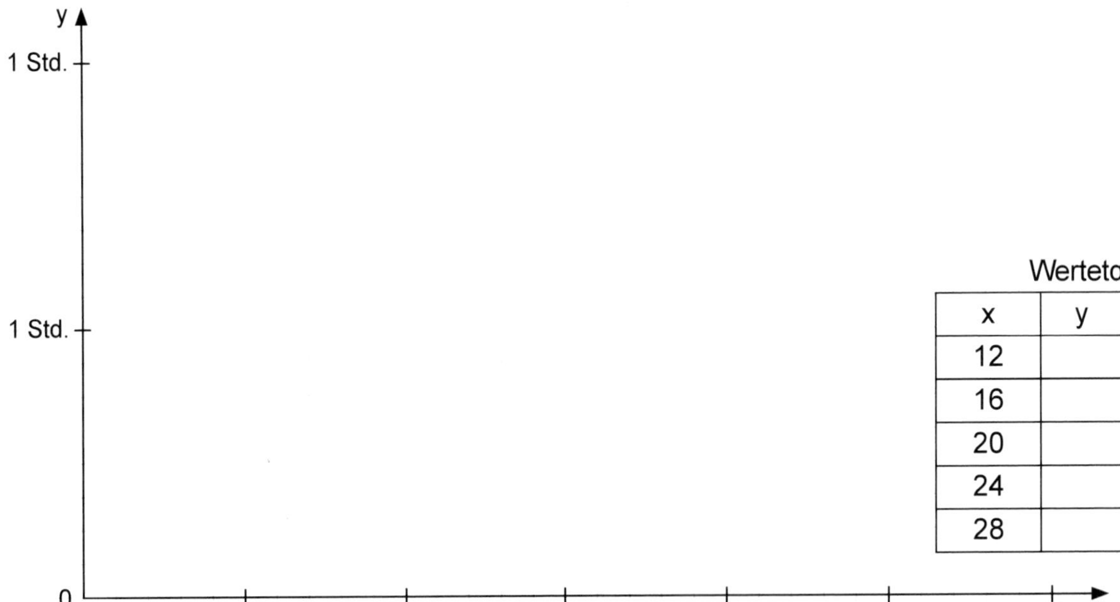


Wertetabelle:

| x | y |
|---|---|
| 12 | |
| 16 | |
| 20 | |
| 24 | |
| 28 | |

**Aufgabe 3:** *Ein Vermieter verlangt vom Mieter für eine Wohnung eine monatliche Kaltmiete zu einem Quadratmeterpreis von 8 Euro.*

*a) Wie viel Euro muss der Mieter folglich als Kaltmiete im Monat für eine 75 $m^2$ große Wohnung bezahlen?*

*b) Wie groß ist die Wohnung, wenn die monatliche Kaltmiete 496 Euro beträgt?*

*c) Die monatliche Kaltmiete lässt sich mit der Funktionsgleichung $y = 8x$ berechnen. Zeichne den Funktionsgraphen in das vorgegebene Koordinatensystem ein!*

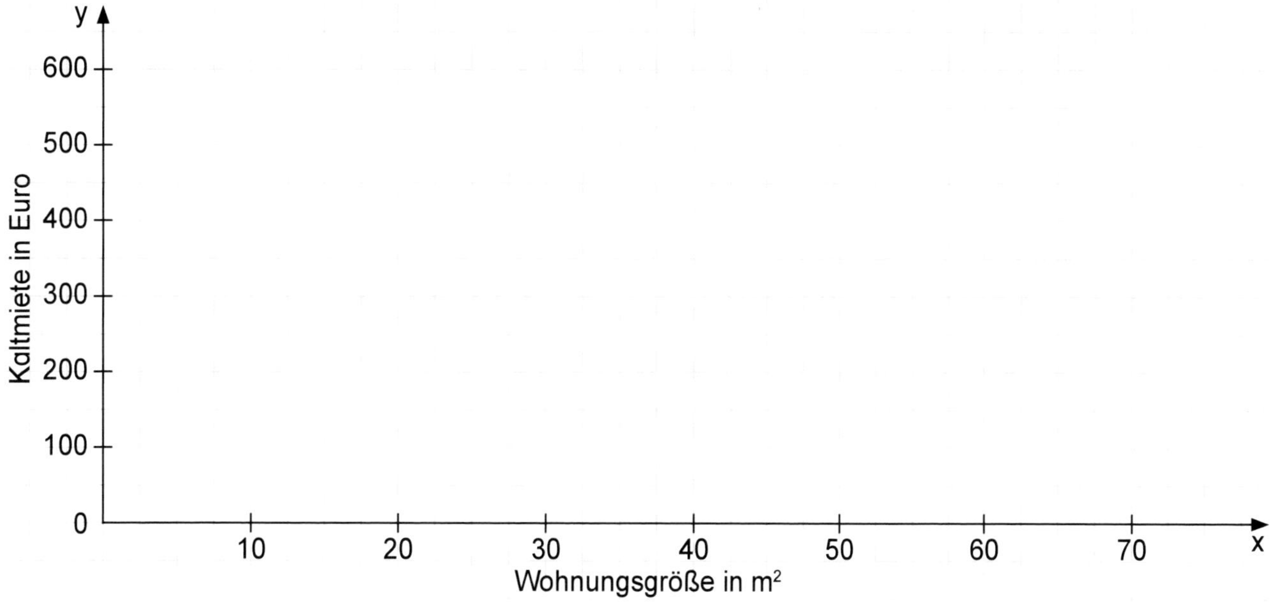


**Aufgabe 4:** *Bezogen auf 1 Jahr hat eine Familie für 135 $m^3$ Wasser (einschließlich Abwasser sowie Umsatzsteuer) 621 Euro zu bezahlen.*

*a) Berechne, wie viel Geld entsprechend für 150 $m^3$ Wasser (einschließlich Abwasser und Umsatzsteuer) bezahlt werden müssen!*

*b) Für welche Wassermenge sind 552 Euro zu begleichen?*

*c) Nach welcher Funktionsgleichung können die Kosten für Wasser berechnet werden?*

*d) Zeichne den Graphen der Funktionsgleichung in das untere Koordinatensystem ein!*

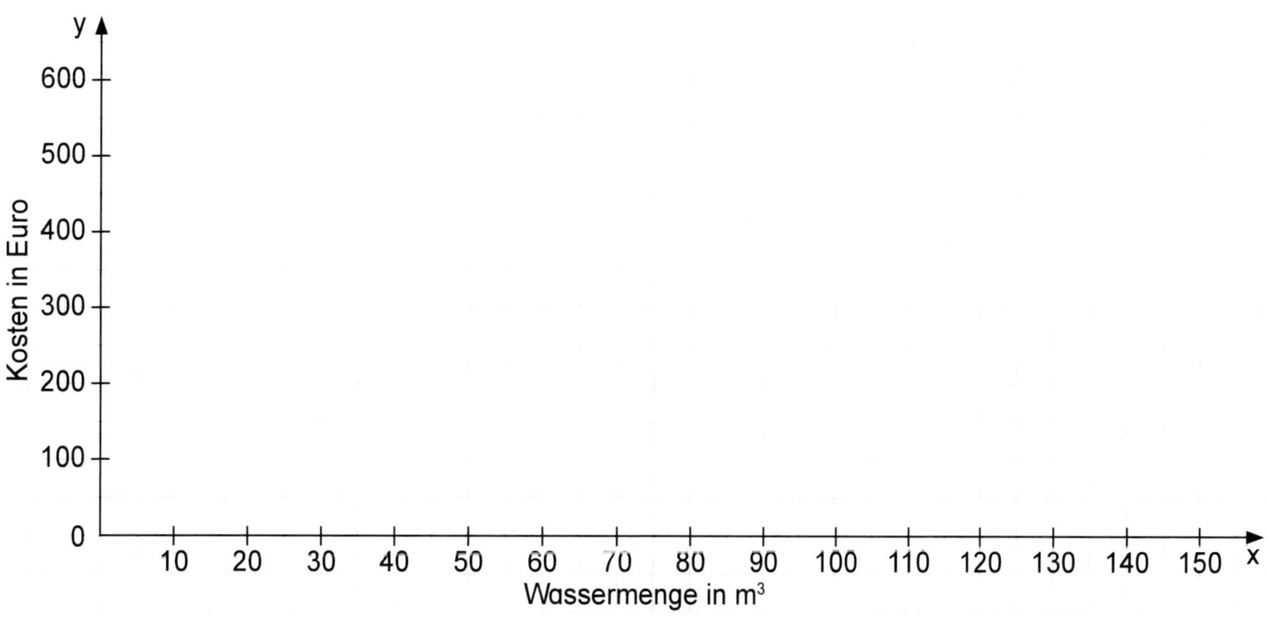

# Lineare Funktionen (Textaufgaben)

**Aufgabe 1:** *Ein begeisterter Fußballfan zahlt seiner Mannschaft pro Saison 300 Euro, außerdem 10 Euro für jedes vom Team erzielte Tor.*

*a) Erstelle eine Wertetabelle mit x = 0, 10, 20, 30, 40, 50 und 60, wobei x die Anzahl der Tore und y die Höhe des gesamten Geldbetrages angibt, den die Mannschaft jeweils erhalten würde!*

*b) Trage die x-Werte und die zugehörigen y-Werte in das untere vorgegebene Koordinatensystem ein und verbinde die von dir eingezeichneten Punkte durch eine gerade Linie!*

*c) Lies aus dem Koordinatensystem ab und notiere, wie viel Geld die Mannschaft insgesamt von ihrem Fan bekommt, wenn sie am Saisonende 55 Tore erzielt hat!*

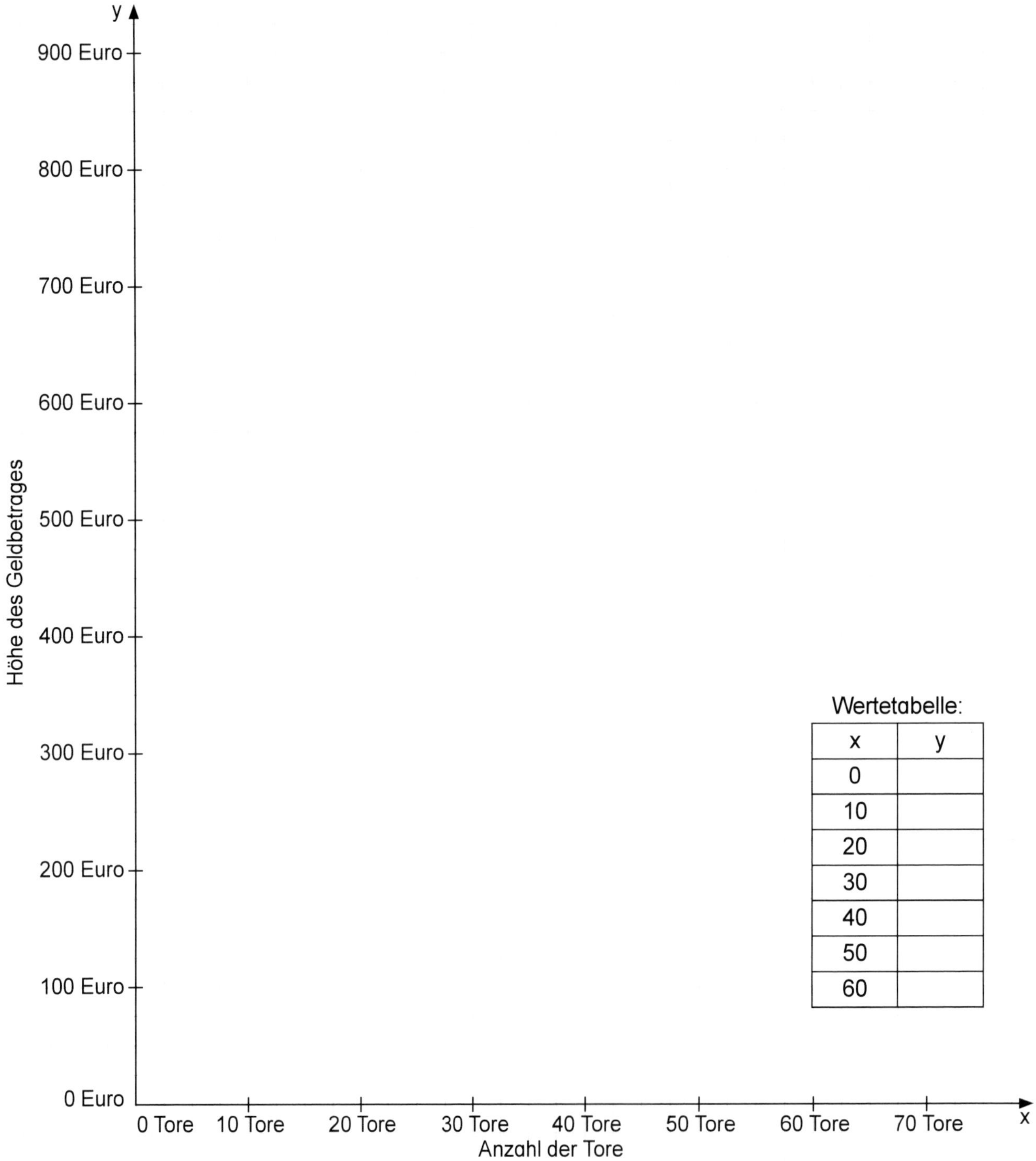


Wertetabelle:

| x | y |
|---|---|
| 0 | |
| 10 | |
| 20 | |
| 30 | |
| 40 | |
| 50 | |
| 60 | |

KOHL VERLAG
Lineare Funktionen
Kopiervorlagen – Bestell-Nr. 11 536

**Aufgabe 2:** *An einer Tankstelle füllt ein Mann den Tank seines Autos voll, um anschließend eine lange Strecke auf der Autobahn zu fahren. Der Tank fasst insgesamt 52 Liter. Der Benzinverbrauch des Autos auf der Autobahn beträgt 6,5 Liter auf 100 km.*

*a) Stelle eine Wertetabelle auf. x soll die Kilometerzahlen angeben, y die jeweilige vorhandene Benzinmenge in Litern. Berechne für x = 0, 200, 500 und 700 den zugehörigen y-Wert!*

*b) Trage die x- und y-Werte als Punkte in das Koordinatensystem ein und verbinde die Punkte durch eine gerade Linie!*

*c) Stelle im Koordinatensystem fest und schreibe auf, wie viele Liter Benzin nach gefahrenen 300 km verbraucht sind!*

*d) Nach wie vielen km ist der Tank leer, wenn der Mann nicht wieder tankt?*

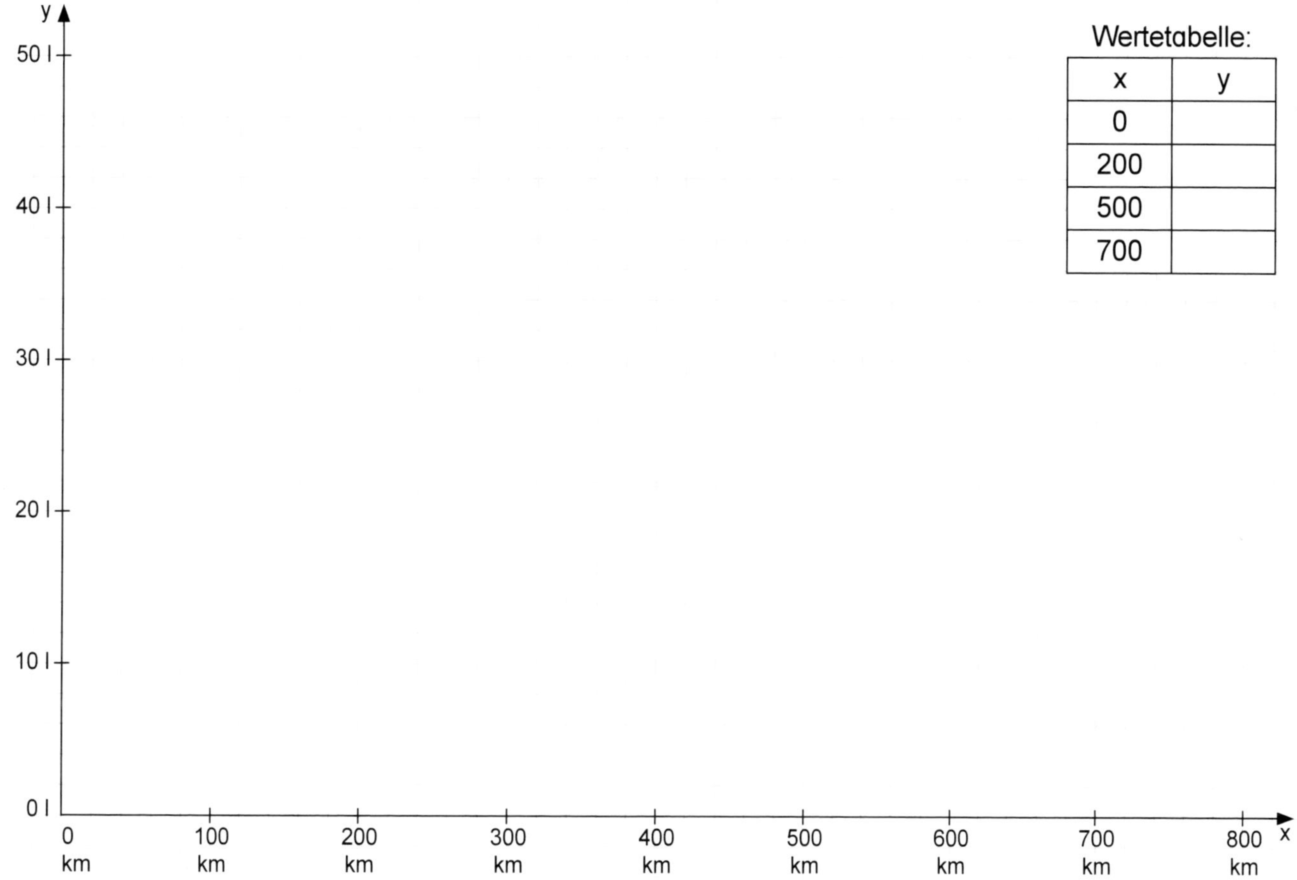


Wertetabelle:

| x | y |
|---|---|
| 0 | |
| 200 | |
| 500 | |
| 700 | |

# Lineare Funktionen (Textaufgaben)

**Aufgabe 1:** *In einen leeren Wasserbehälter soll bis zu einer Höhe von 1,20 m Wasser gepumpt werden. Beim Füllen des Wasserbehälters steigt der Wasserpegel von Minute zu Minute um 8 cm.*

*a) Zeichne in das Koordinatensystem den Graphen ein, der das Steigen des Wasserspiegels je Minute aufzeigt.*

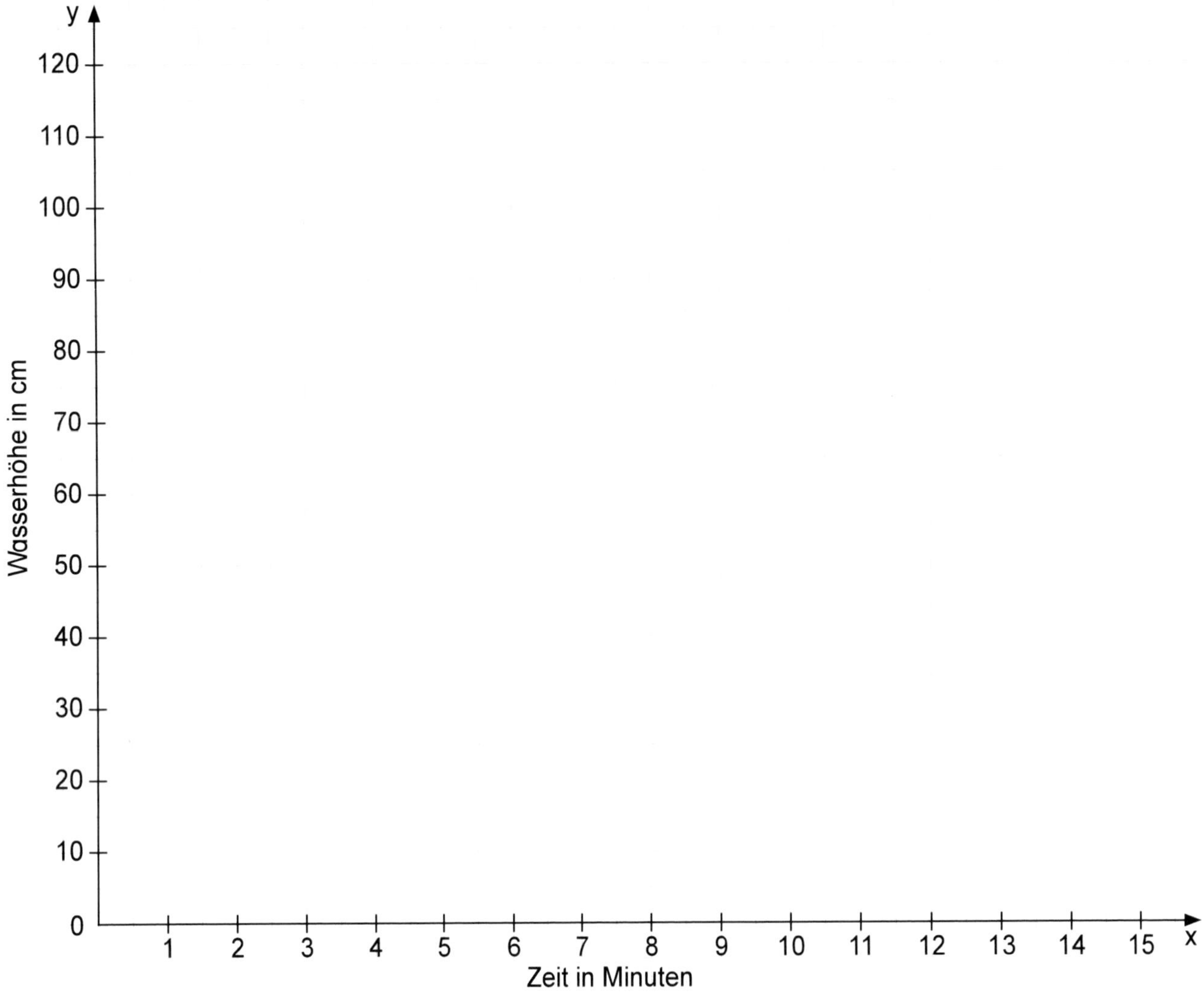


*b) Nach wie vielen Minuten steht das Wasser 40 cm hoch?*

*c) Nach wie vielen Minuten hat der Wasserspiegel eine Höhe von 1 m erreicht?*

*d) Wann beträgt die Wasserhöhe im Behälter 1,20 m?*

*e) Wie lautet zum Graphen die Funktionsgleichung, wenn x die Zeit (in Minuten) und y die Wasserhöhe (in cm) angibt?*

*y =* ______________________________

Lineare Funktionen
Kopiervorlagen – Bestell-Nr. 11 536
KOHL VERLAG

**Aufgabe 2:** *Eine Kerze, die 18 cm lang ist, wird angezündet. In jeder Stunde wird die Kerze um 1,5 cm kürzer.*

*a) Zeichne in das Koordinatensystem den Graphen ein, der das Abbrennen der Kerze abhängig von der Zeit verdeutlicht!*

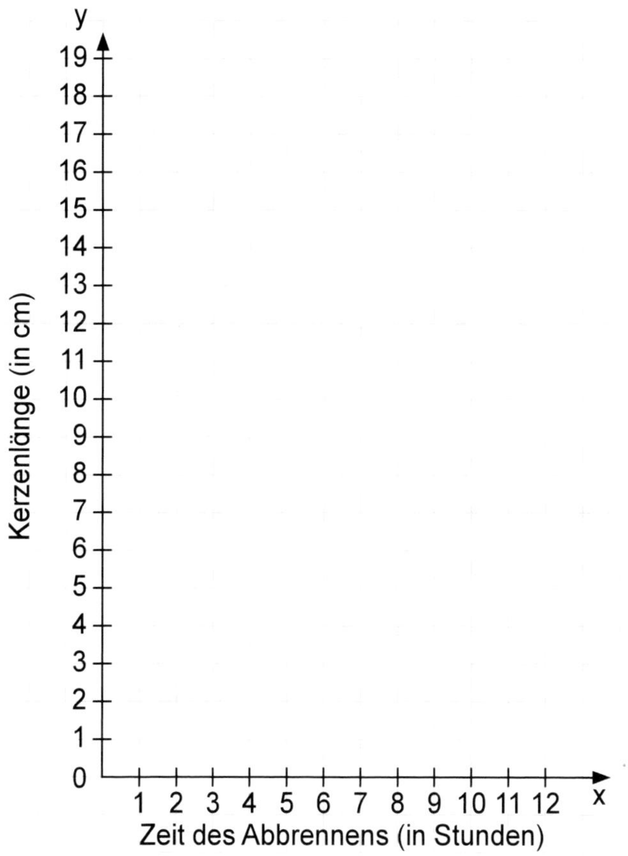


*b) Wie lang ist die Kerze nach 5 Stunden?*

*c) Nach wie vielen Stunden ist die Kerze nur noch 6 cm lang?*

*d) Wann ist die Kerze abgebrannt?*

*e) Wie heißt zum Graphen die Funktionsgleichung?*

*y =* ________________________

**Aufgabe 3:** *Für Temperaturen wird in Deutschland die Maßeinheit Grad (°) Celsius gebraucht, in den USA dagegen die Maßeinheit Grad (°) Fahrenheit. Die Umrechnung von Grad (°) Celsius (= x) in Grad (°) Fahrenheit (= y) ist mit der Funktionsgleichung $y = 1{,}8x + 32$ möglich.*

*a) Wie viel ° Fahrenheit sind demnach 5° Celsius?*

*b) Wie viel ° Fahrenheit sind 28° Celsius?*

*c) Wie viel ° Celsius sind 50° Fahrenheit?*

*d) Wie viel ° Celsius sind 32° Fahrenheit?*

# Lineare Funktionen (Textaufgaben)

**Aufgabe 1:**

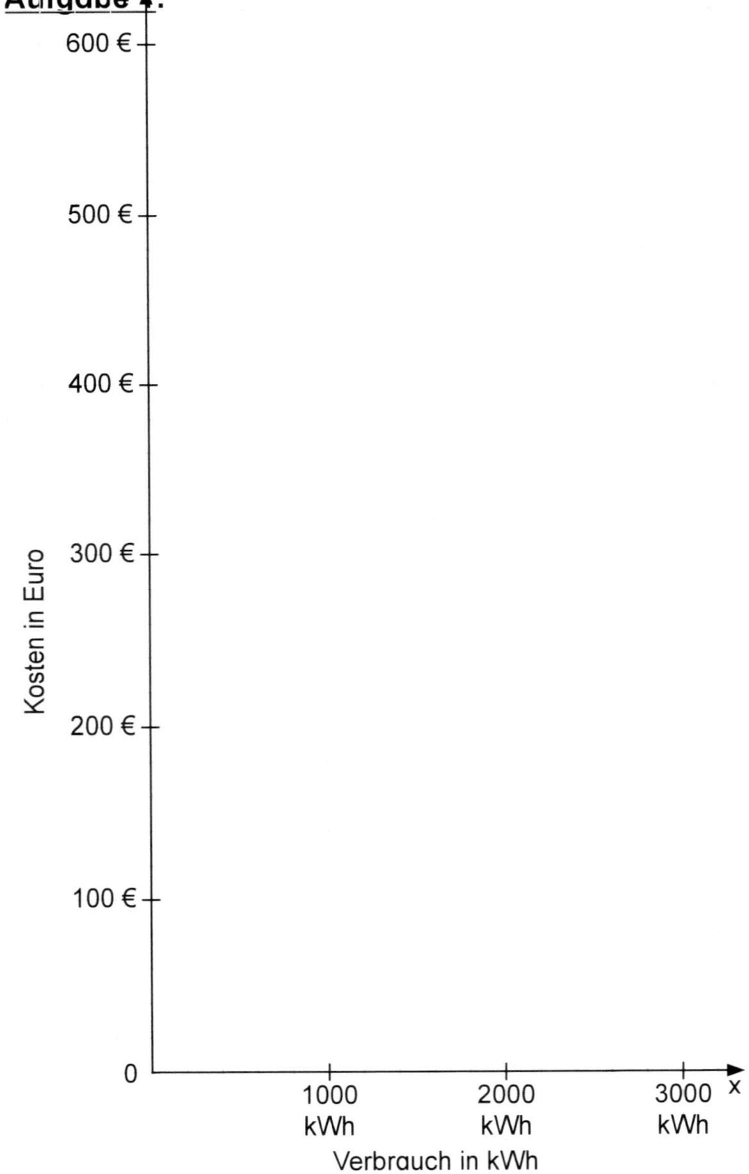


*Ein Unternehmen, das elektrischen Strom liefert, verlangt von den Nutzern einen monatlichen Grundpreis von 12 Euro sowie 0,16 Euro für eine verbrauchte Kilowattstunde. Steuern sind darin enthalten.*
*Die Kosten pro Jahr lassen sich mit der Funktionsgleichung*
$y = 0{,}16x + 144$ *berechnen.*

a) *Zeichne den Graphen der genannten Funktionsgleichung in das links vorgegebene Koordinatensystem ein.*

b) *Erkläre, wieso die Funktionsgleichung* $y = 0{,}16x + 144$ *heißt!*

c) *Berechne mit der Funktionsgleichung, wie viel Euro ein Nutzer zu zahlen hat, wenn er 2500 Kilowattstunden (kWh) im Jahr verbraucht!*

d) *Rechne aus, wie viele Kilowattstunden (kWh) jemand im Jahr verbraucht hat, wenn er genau 600 Euro zahlen muss!*

**Aufgabe 2**: *Ein Taxifahrer berechnet einem Gast für eine Fahrt eine Grundgebühr von 6 Euro sowie 1,30 Euro für jeden gefahrenen Kilometer.*

a) *Wie viel Geld muss ein Fahrgast bezahlen, wenn er 14 km weit gefahren wurde?*

b) *Wie viele Kilometer lang war die Fahrstrecke, wenn der Fahrgast genau 32 Euro zu zahlen hatte?*

c) *Nach welcher Funktionsgleichung können bei diesem Taxifahrer die Kosten für eine Fahrt berechnet werden?*

*y* = ______________________

d) *Zeichne den Graph der Funktionsgleichung auf der rechten Hälfte des Blattes in ein Koordinatensystem ein!*

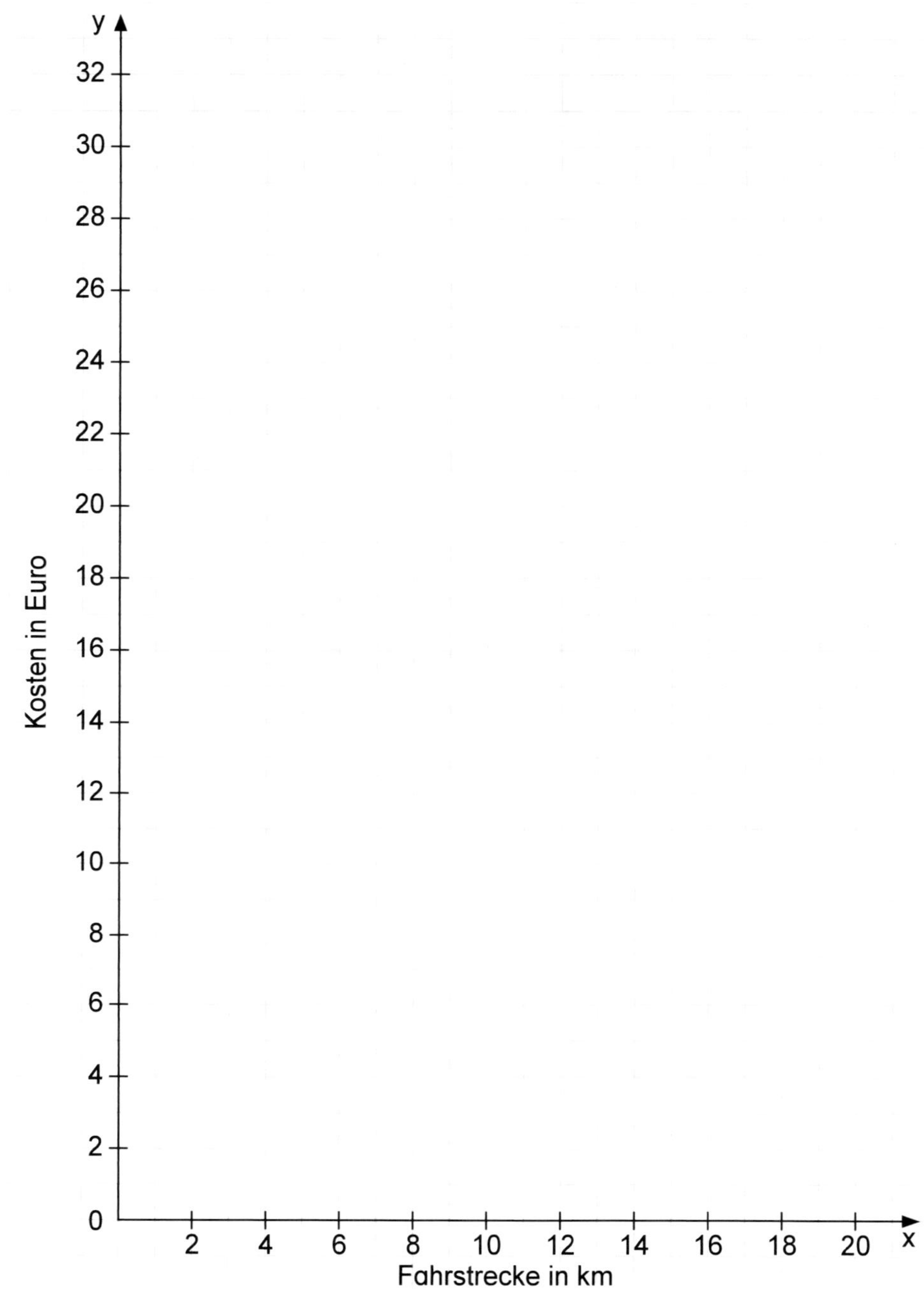

# Lineare Funktionen (Textaufgaben)

**Aufgabe 1:** *Ein Motorradfahrer fährt 15 Minuten lang mit einer Durchschnittsgeschwindigkeit von 40 km/h, danach die gleiche Zeit mit durchschnittlich 80 km/h.*

*a) Wie viele Kilometer hat der Motorradfahrer nach einer halben Stunde zurückgelegt?*

*b) Welche Streckenlänge ist der Motorradfahrer nach 1 Stunde gefahren, wenn er erst 15 Minuten im Durchschnitt 40 km/h, sodann 45 Minuten mit einer mittleren Geschwindigleit von 80 km/h gefahren ist?*

*c) Zeichne den dazugehörigen Graphen zum Sachverhalt in das untere Koordinatensystem ein!*

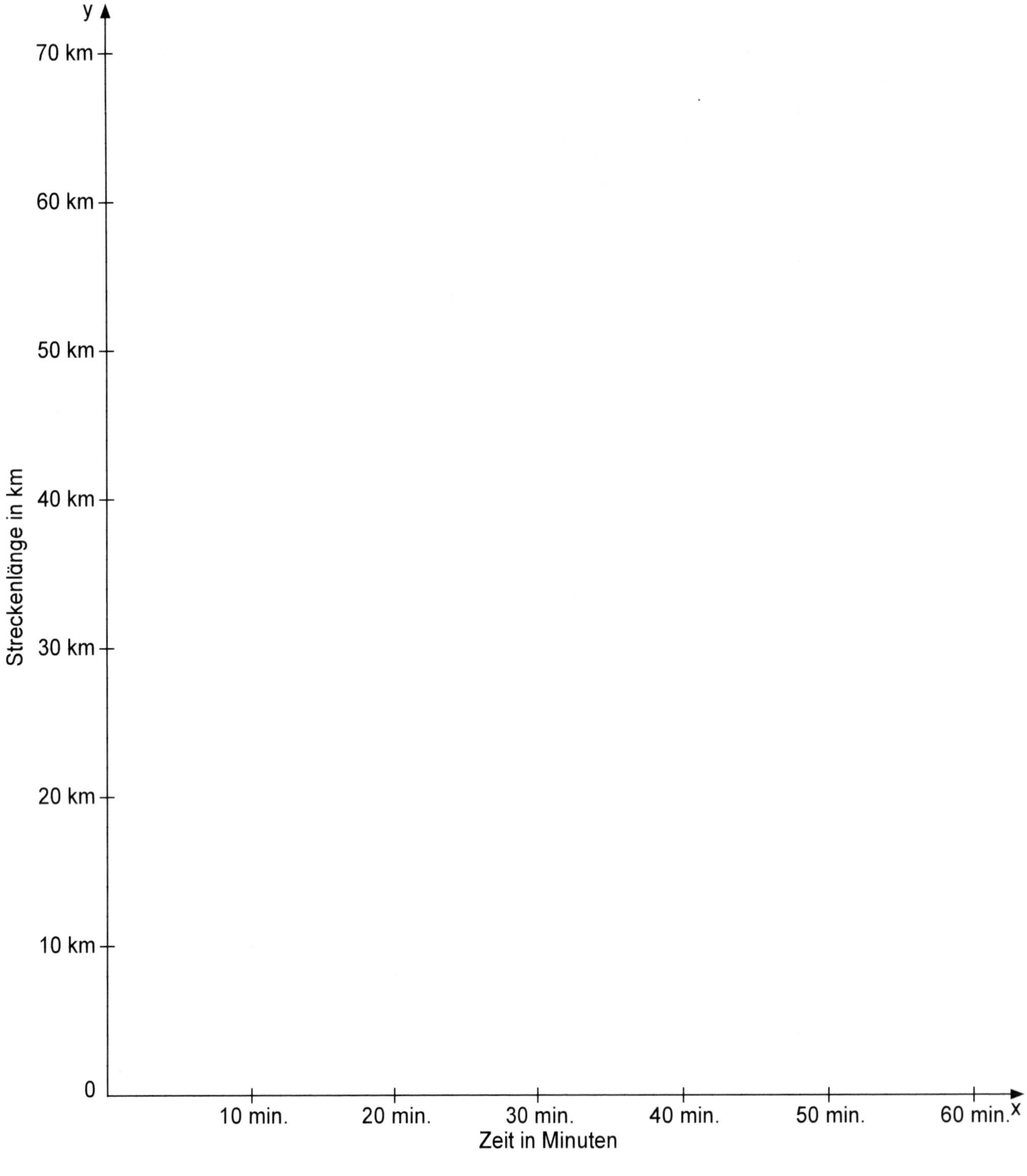

**Aufgabe 2:** *Eine Ware kostet 3 Euro pro Stück. Ab dem 6. gekauften Stück der Ware sind nur noch jeweils 2 Euro je Stück zu zahlen, ab dem 11. gekauften Stück sogar lediglich 1,50 Euro. Wie viel Euro sind zu bezahlen für*

*a) 2 Stücke?*

*b) 8 Stücke?*

*c) 13 Stücke?*

*d) Erstelle eine Wertetabelle für 5, 6, 10 und 11 gekaufte Stücke!*

| Stücke | 15 | 6 | 10 | 11 |
|---|---|---|---|---|
| Kosten | | | | |

*e) Zeichne in das gegebene Koordinatensystem den Graphen ein, der das Verhältnis zwischen der Warenmenge und den damit verbundenen Kosten für die Käufer aufzeigt!*

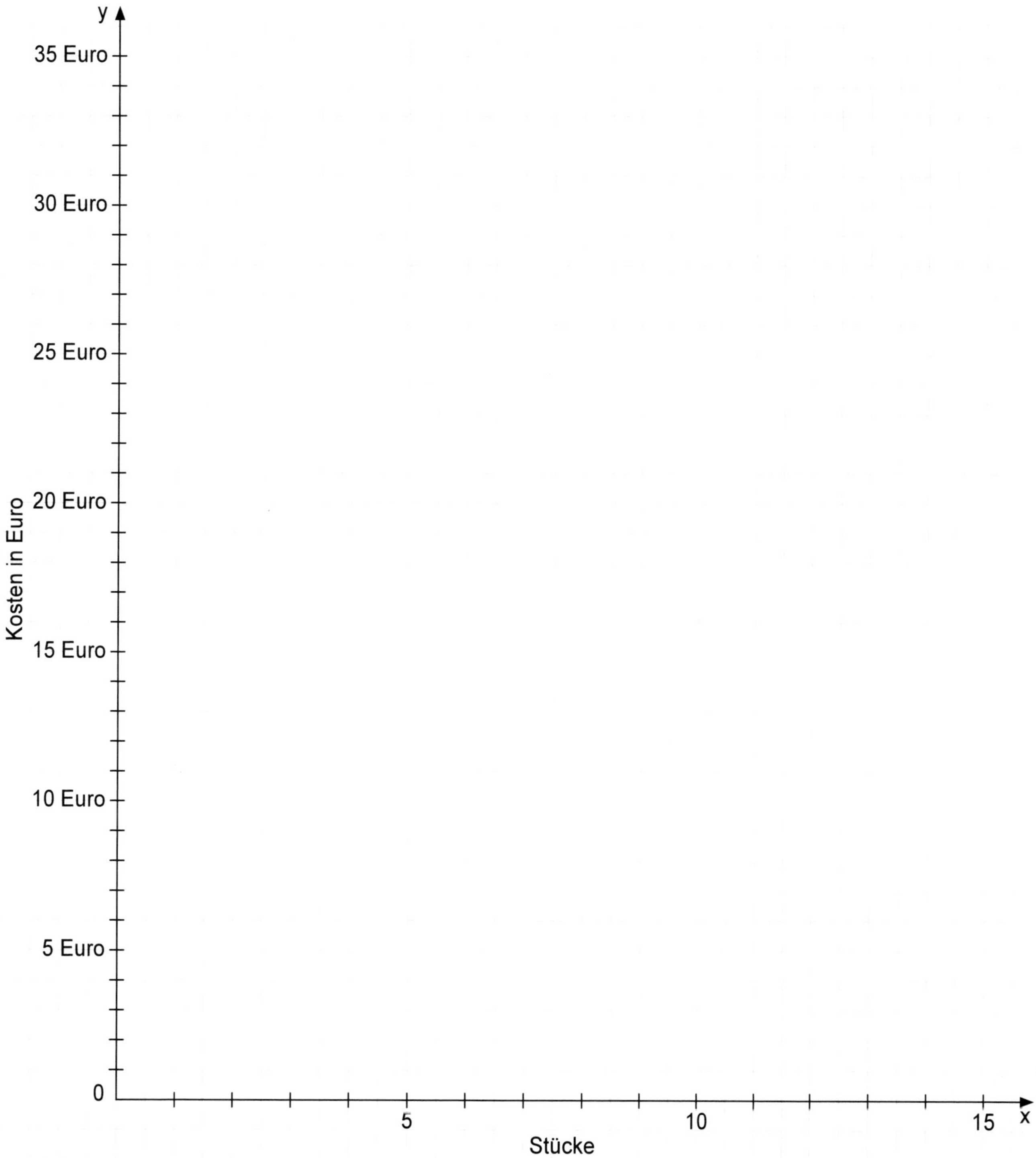


KOHL VERLAG
Lineare Funktionen
Kopiervorlagen – Bestell-Nr. 11 536

# Lineare Funktionen (Textaufgaben)

**Aufgabe 1:** *Von einem Ort aus startet ein Erwachsener mit seinem Motorrad und fährt mit durchschnittlich 60 km/h. Eine halbe Stunde später fährt ein Mann mit einem Auto von derselben Stelle los. Er hält eine Durchschnittsgeschwindigkeit von 100 km/h ein. Nach wie vielen Kilometern und wie vielen Minuten holt der Autofahrer den Motorradfahrer ein, wenn beide denselben Weg benutzen?*

*a) Löse die Aufgabe zunächst zeichnerisch, indem du jeweils einen Graphen bezogen auf den Motorradfahrer und auf den Autofahrer in das nachfolgende Koordinatensystem einzeichnest. Lies im Koordinatensystem ab, wo sich beide Graphen schneiden, also der Autofahrer den Motorradfahrer einholt!*

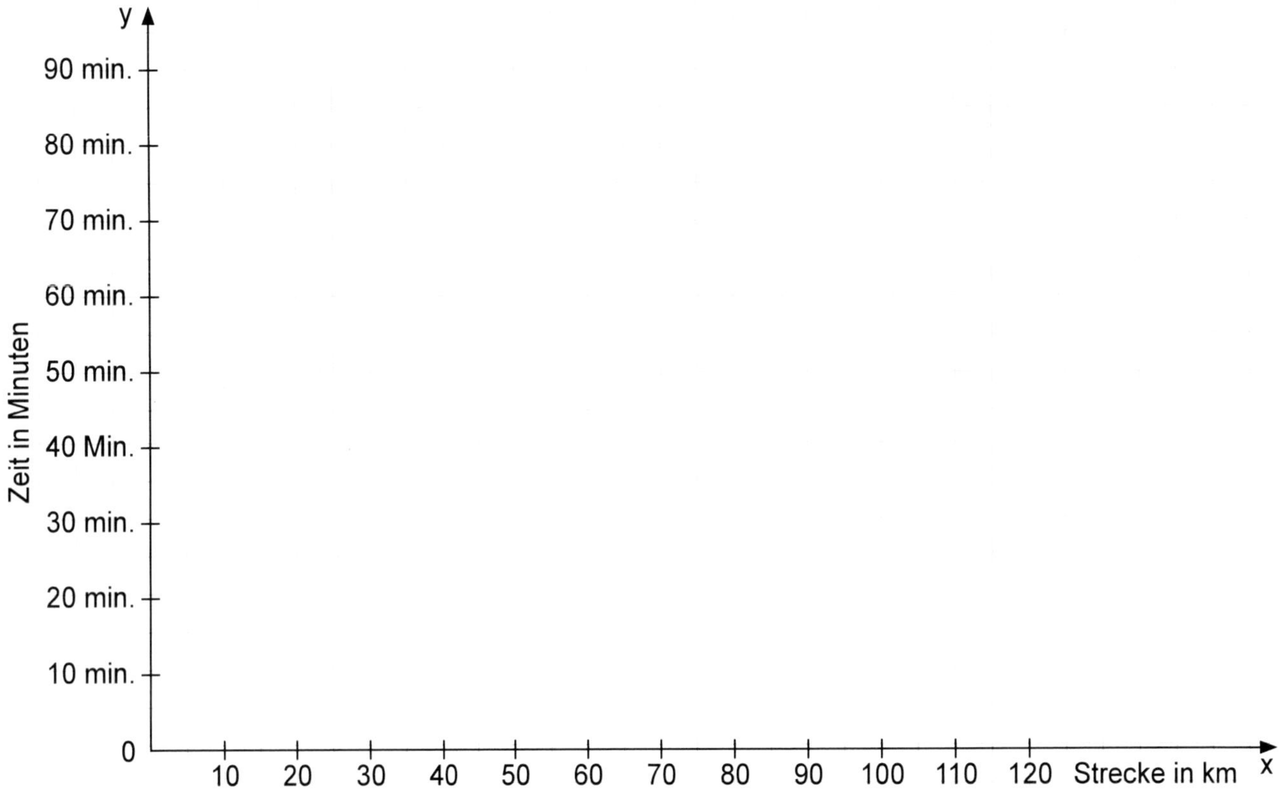


*b) Stelle zu beiden Graphen die jeweils zugehörige Funktionsgleichung auf und berechne deren Schnittpunkt*

KOHL VERLAG Lineare Funktionen Kopiervorlagen – Bestell-Nr. 11 536

**Aufgabe 1:** *Die beiden Bahnhöfe A und B sind 150 km voneinander entfernt. Im Bahnhof A fährt ein Zug in Richtung Bahnhof B und hält eine Geschwindigkeit von 80 km/h ein. Zur gleichen Zeit startet im Bahnhof B ein anderer Zug in Richtung Bahnhof A. Dieser Zug fährt durchweg mit einer Geschwindigkeit von 120 km/h.*
*Um wie viel Uhr begegnen sich die zwei Züge, wenn sie beide um 10 Uhr abgefahren sind? Bei welchem Kilometer – vom Bahnhof A aus gesehen – fahren die Züge aneinander vorbei?*

*a) Finde zuerst zeichnerisch die Lösung. Zeichne genau den Graphen für den einen sowie den für den anderen Zug in das anschließende Koordinatensystem ein. Der Schnittpunkt der zwei Graphen zeigt die Begegnung der beiden Züge auf.*

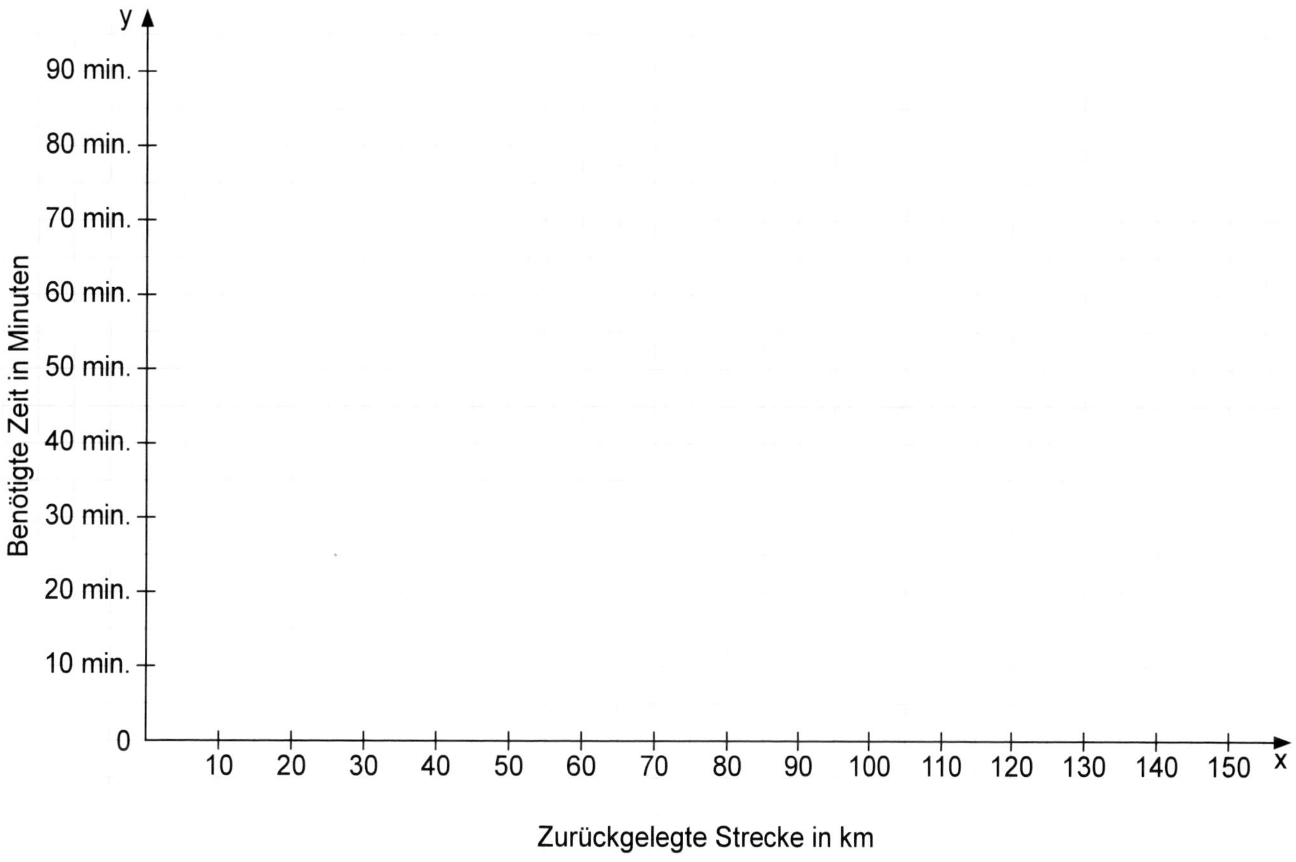


*b) Ermittle jetzt rechnerisch die Begegnung der beiden Züge. Dazu musst du nun zu jedem Zug eine Funktionsgleichung aufstellen und diese gleichsetzen.*

Lineare Funktionen
Kopiervorlagen – Bestell-Nr. 11 536
KOHL VERLAG

# Vorbereitung auf die Arbeit

**Aufgabe 1:** *Schreibe auf, welche Koordinaten (= x-Wert/y-Wert) die folgenden im Koordinatensystem eingetragenen Punkte A, B, C und D haben!*

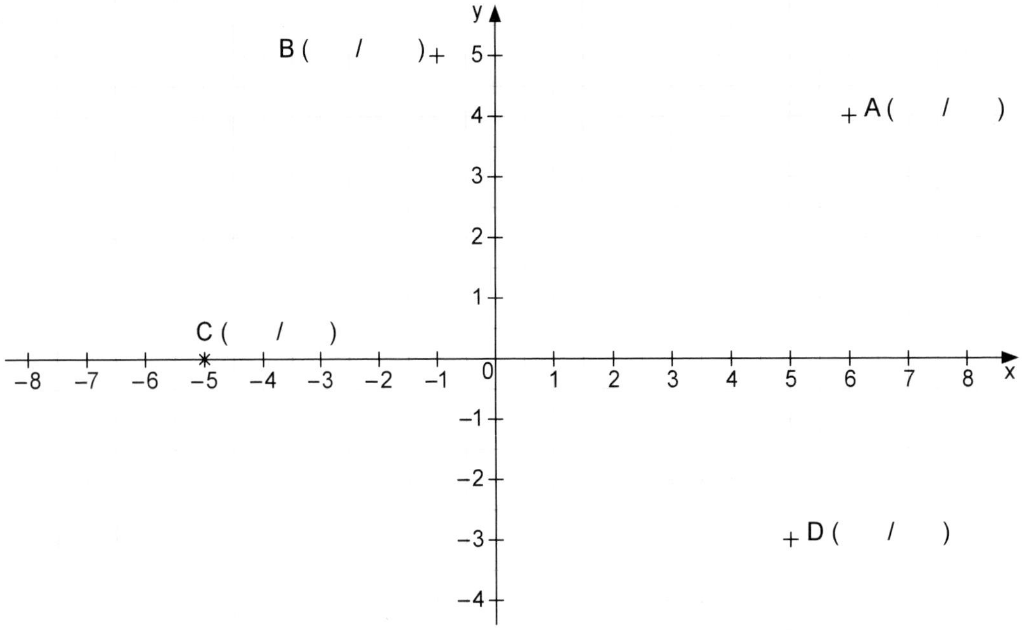


**Aufgabe 2:** *Trage in das obere Koordinatensystem die Punkte* E (2 / 5), F (–7 / 2), G (–2 / –3) *und* H (8 / –4) *ein!*

**Aufgabe 3:** *Vervollständige zur Funktionsgleichung y = 4x die Wertetabelle! Notiere die fehlenden 5 y-Werte!*

*Wertetabelle:*

| x | 1 | 2 | 0 | –1 | –2 |
|---|---|---|---|---|---|
| y | | | | | |

**Aufgabe 4:** *Stelle zur Funktionsgleichung y = 1,5x + 1 eine aus 5 Wertepaaren bestehende Wertetabelle auf! Zeichne danach zur Funktionsgleichung den Graphen in das untere Koordinatensystem ein!*

*Wertetabelle:*

| x | | | | | |
|---|---|---|---|---|---|
| y | | | | | |

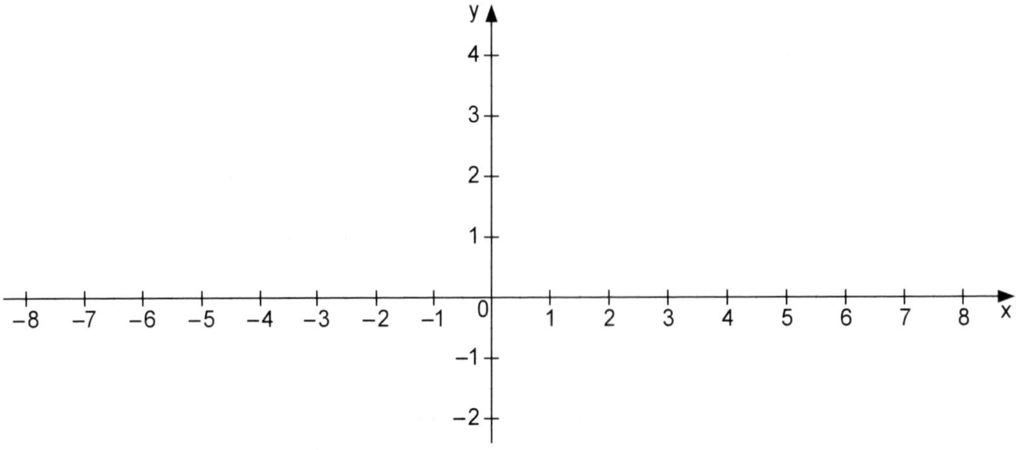


Lineare Funktionen
Kopiervorlagen – Bestell-Nr. 11 536
KOHL VERLAG

**Aufgabe 5**: *Zeichne ein Koordinatensystem und trage darin den Graphen der Funktionsgleichung $y = -2x + 2$ ein!*

**Aufgabe 6**: *Die Steigung eines Graphen – was ist das? Wie viel beträgt beim Graphen der Funktionsgleichung $y = 3{,}5x - 5$ die Steigung?*

**Aufgabe 7**: *Wie lautet die Funktionsgleichung des folgenden im Koordinatensystem dargestellten Graphen?*

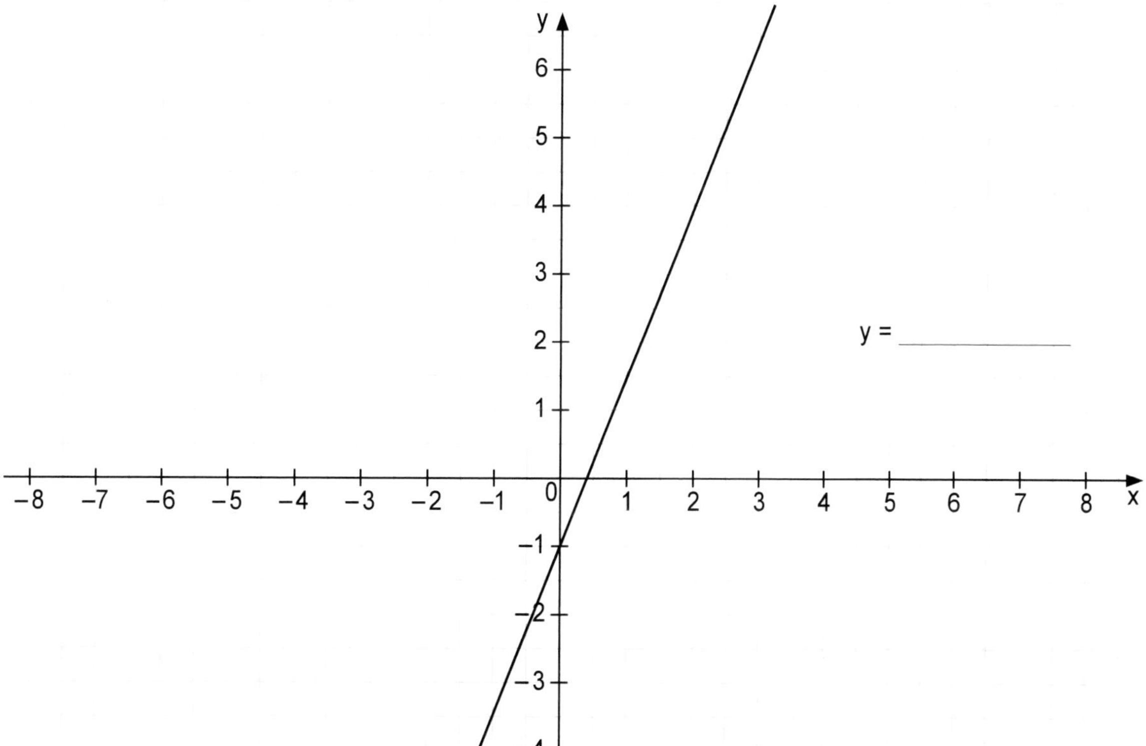


*Ergänze zum oberen Graphen in der anschließenden Wertetabelle die fehlenden x-Werte!*

*Wertetabelle:*

| x | | | | | |
|---|---|---|---|---|---|
| y | 4 | 1,5 | −1 | −3,5 | −6 |

**Aufgabe 8**: *Finde heraus, wie die Funktionsgleichungen der beiden im anschließenden Koordinatensystem abgebildeten Graphen heißen! Notiere außerdem in den zwei Wertetabellen die fehlenden y-Werte!*

Wertetabelle:

| x | y |
|---|---|
| 2 | |
| 1 | |
| 0 | |
| −1 | |
| −2 | |

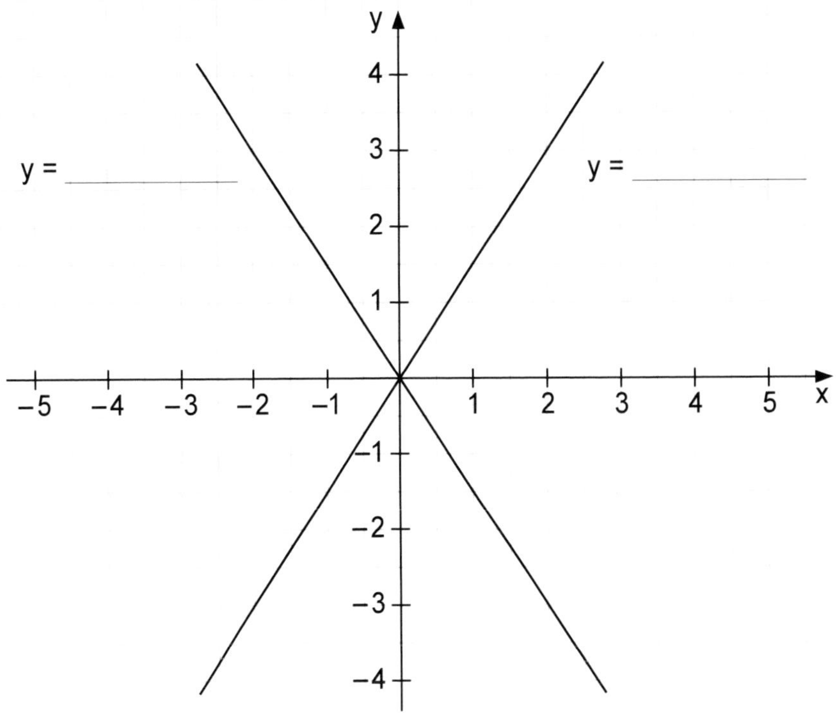


Wertetabelle:

| x | y |
|---|---|
| 2 | |
| 1 | |
| 0 | |
| −1 | |
| −2 | |

**Aufgabe 9**: *Was ist die Nullstelle eines Graphen? Welcher Wert beträgt hier Null (= 0)?*

**Aufgabe 10**: *Zeichne ins untere Koordinatensystem ein, wo der Graph mit der Funktionsgleichung $y = -3x + 3$ seine Nullstelle hat! Berechne auch die Nullstelle!*

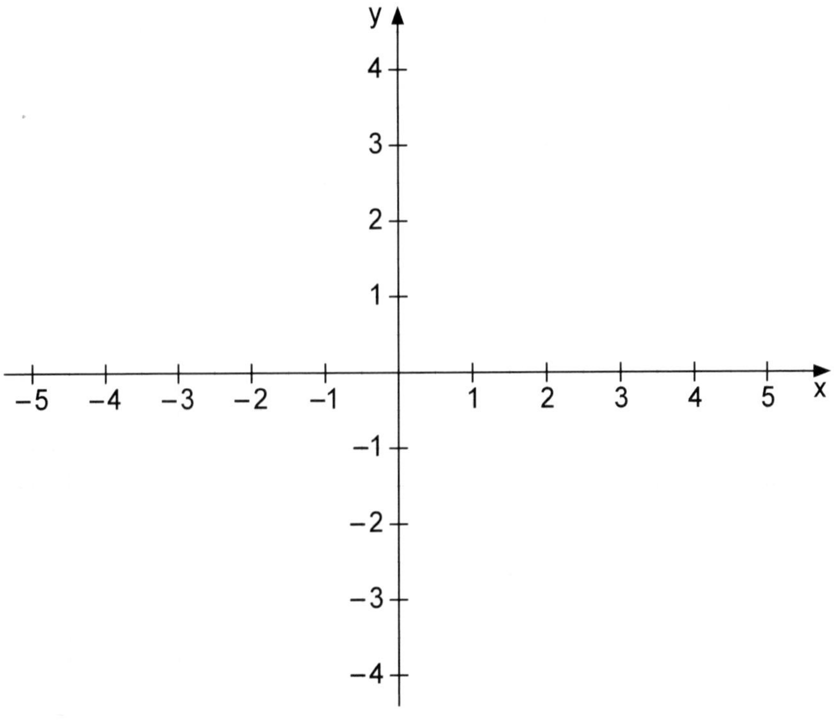

| **Arbeit I zum Thema: Lineare Funktionen (A)** | Vor- und Nachname: ______ Datum: ______ |
|---|---|

**Aufgabe 1**: *Schreibe auf, welche Koordinaten (= x-Wert/y-Wert) die folgenden im Koordinatensystem eingetragenen Punkte A, B, C und D haben!* (4 Pkt.)

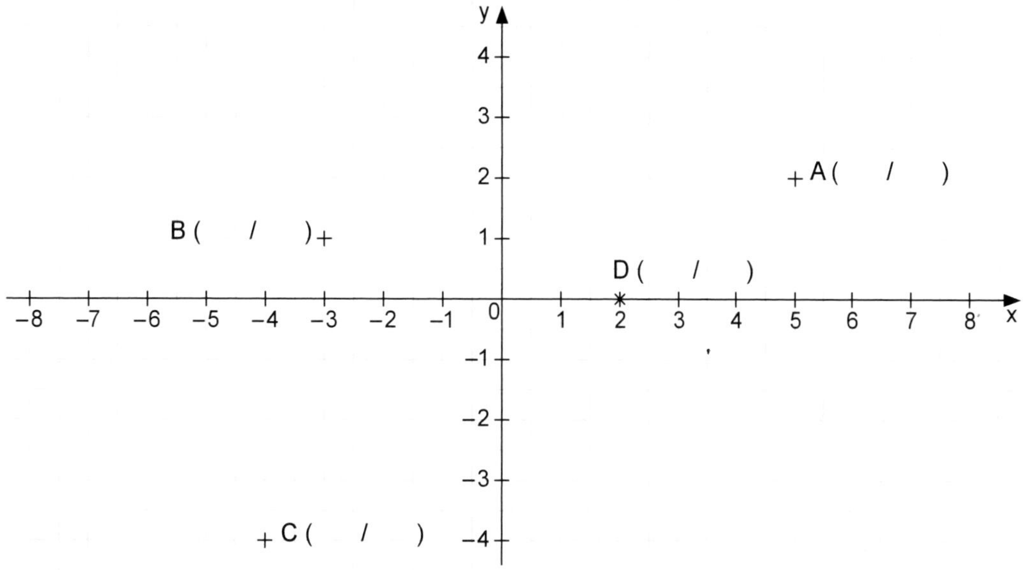


**Aufgabe 2**: *Trage in das obere Koordinatensystem die Punkte* E (1 / 4), F (–3 / 4), G (0 / –3) *und* H (5,5 / –2) *ein!* (4 Pkt.)

**Aufgabe 3**: *Vervollständige zur Funktionsgleichung y = 2x die Wertetabelle! Notiere die fehlenden 5 y-Werte!* (5 Pkt.)

*Wertetabelle:*

| x | 1 | 2 | 0 | –1 | –2 |
|---|---|---|---|---|---|
| y | | | | | |

**Aufgabe 4**: *Stelle zur Funktionsgleichung y = 3x + 2 eine aus 5 Wertepaaren bestehende Wertetabelle auf! Zeichne danach zur Funktionsgleichung den Graphen in das untere Koordinatensystem ein!* (8 Pkt.)

*Wertetabelle:*

| x | | | | | |
|---|---|---|---|---|---|
| y | | | | | |

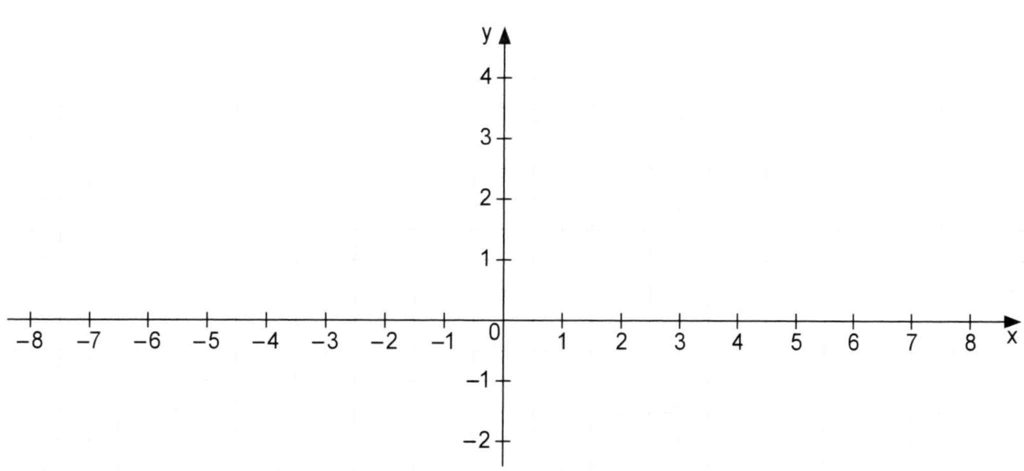

**Aufgabe 5**: *Zeichne ein Koordinatensystem und trage darin den Graphen der Funktionsgleichung $y = -x + 1$ ein!* (5 Pkt.)

**Aufgabe 6**: *Erkläre, was die Steigung eines Graphen ist! Wie viel beträgt beim Graphen der Funktionsgleichung $y = 1{,}5x - 3$ die Steigung?* (3 Pkt.)

**Aufgabe 7**: *Wie heißt die Funktionsgleichung des folgenden im Koordinatensystem dargestellten Graphen?* (8 Pkt.)

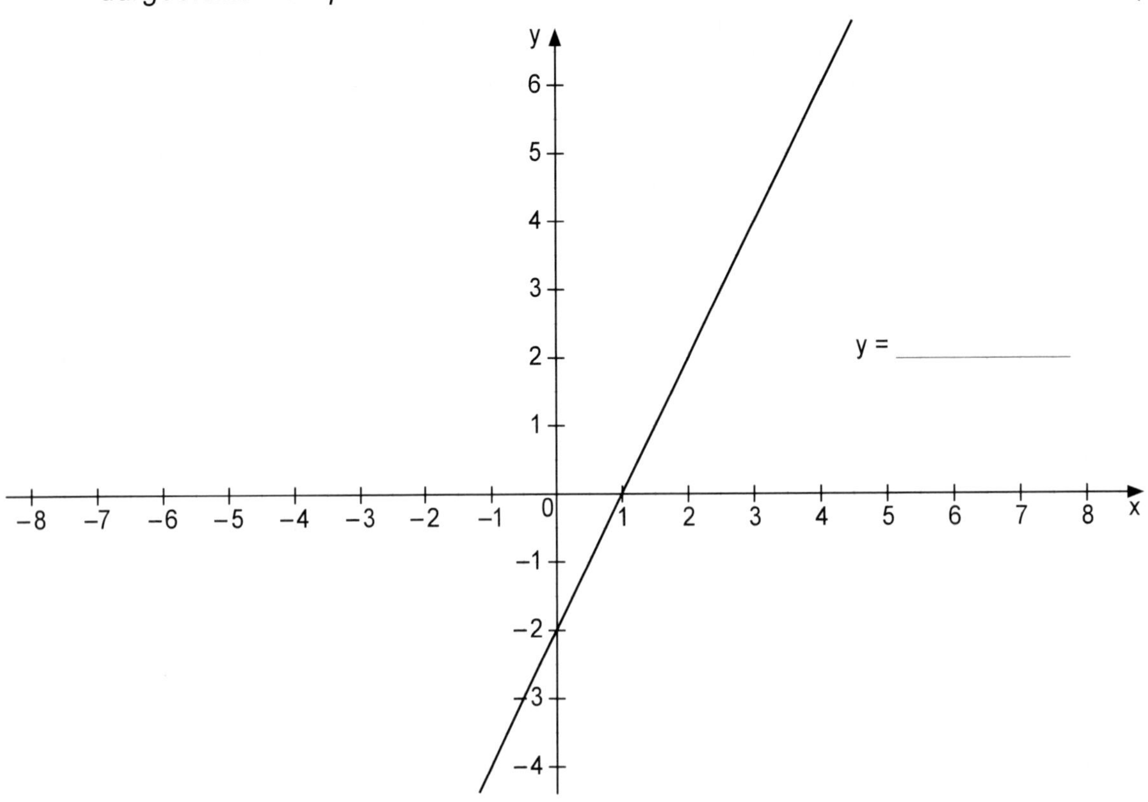


*Ergänze zum oberen Graphen in der anschließenden Wertetabelle die fehlenden x-Werte!*

*Wertetabelle:*

| x |  |  |  |  |  |
|---|---|---|---|---|---|
| y | 6 | 4 | 2 | 0 | –1 |

**Aufgabe 8**: *Finde heraus, wie die Funktionsgleichungen der beiden im anschließenden Koordinatensystem abgebildeten Graphen heißen! Notiere außerdem in den zwei Wertetabellen die fehlenden y-Werte!* (12 Pkt.)

Wertetabelle:

| x | y |
|---|---|
| 1 | |
| 0,5 | |
| 0 | |
| −0,5 | |
| −1 | |

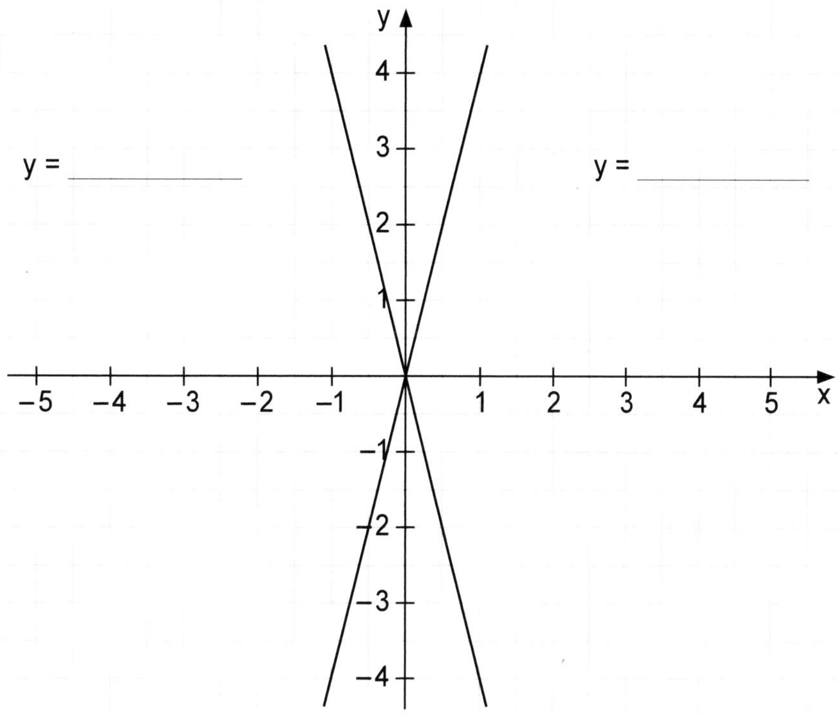


Wertetabelle:

| x | y |
|---|---|
| 1 | |
| 0,5 | |
| 0 | |
| −0,5 | |
| −1 | |

**Aufgabe 9**: *Was ist die Nullstelle eines Graphen? Welcher Wert beträgt hier Null (= 0)?* (3 Pkt.)

**Aufgabe 10**: *Zeichne ins untere Koordinatensystem ein, wo der Graph mit der Funktionsgleichung y = –2x + 4 seine Nullstelle hat! Berechne auch die Nullstelle!* (8 Pkt.)

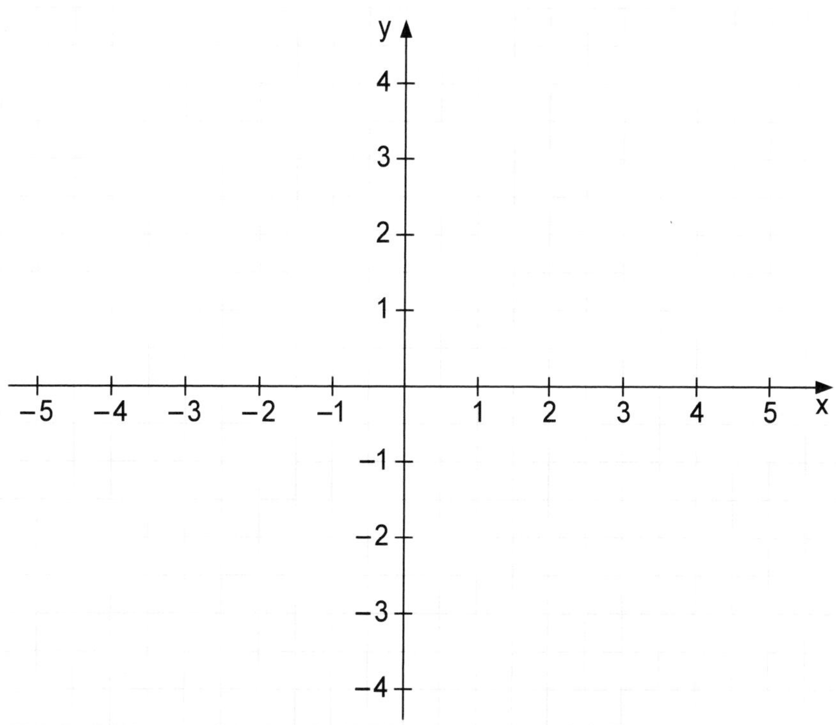

| **Arbeit I zum Thema: Lineare Funktionen (B)** | Vor- und Nachname: ______________________ Datum: __________ |
|---|---|

**Aufgabe 1**: *Schreibe auf, welche Koordinaten (= x-Wert/y-Wert) die folgenden im Koordinatensystem eingetragenen Punkte A, B, C und D haben!* (4 Pkt.)

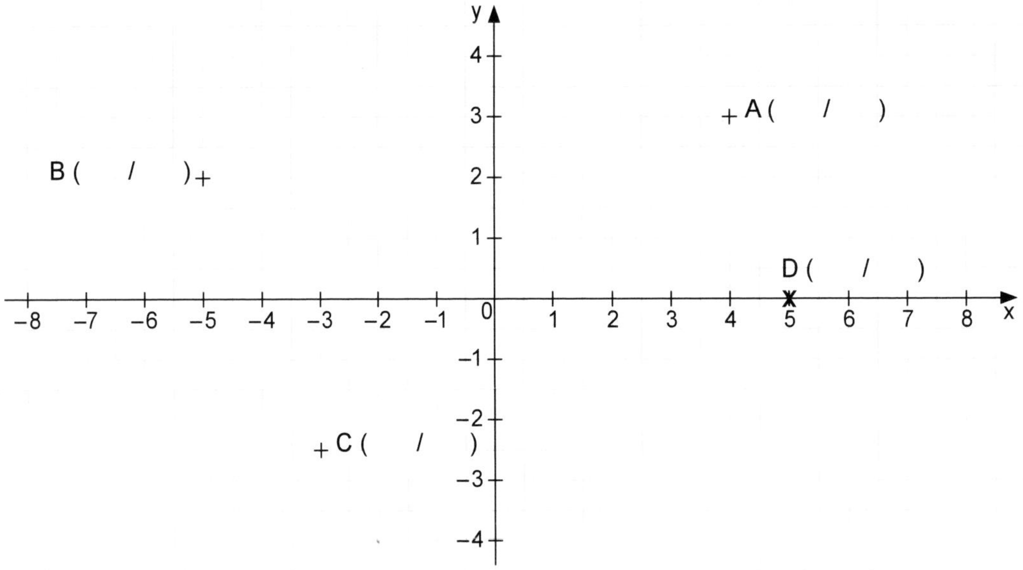


**Aufgabe 2**: *Trage in das obere Koordinatensystem die Punkte* E (3 / 1), F (–2 / 2), G (0 / –1) *und* H (7 / –3,5) *ein!* (4 Pkt.)

**Aufgabe 3**: *Vervollständige zur Funktionsgleichung y = 3x die Wertetabelle! Notiere die fehlenden 5 y-Werte!* (4 Pkt.)
*Wertetabelle:*

| x | 1 | 2 | 0 | –1 | –2 |
|---|---|---|---|---|---|
| y | | | | | |

**Aufgabe 4**: *Stelle zur Funktionsgleichung y = 2x + 4 eine aus 5 Wertepaaren bestehende Wertetabelle auf! Zeichne danach zur Funktionsgleichung den Graphen in das untere Koordinatensystem ein!* (8 Pkt.)
*Wertetabelle:*

| x | | | | | |
|---|---|---|---|---|---|
| y | | | | | |

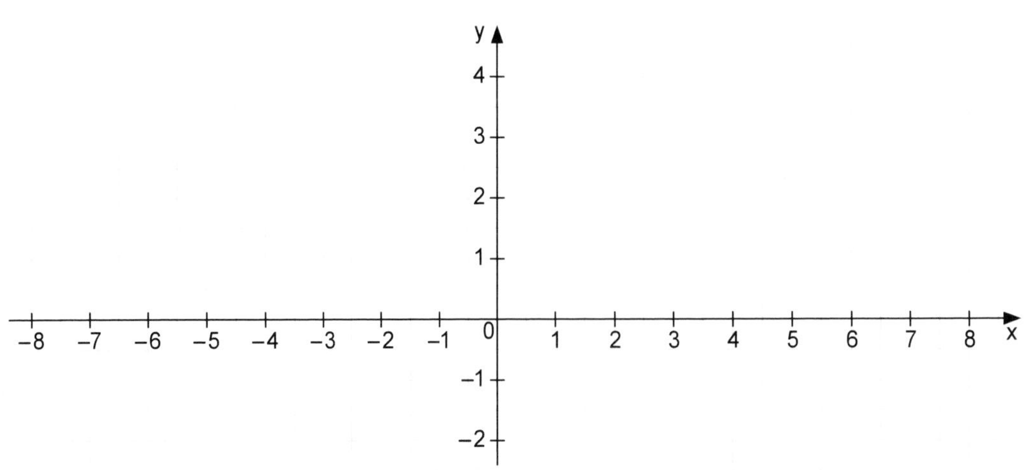






B

**Aufgabe 5**: *Zeichne ein Koordinatensystem und trage darin den Graphen der Funktionsgleichung $y = -x + 2$ ein!* (5 Pkt.)

**Aufgabe 6**: *Erkläre, was die Steigung eines Graphen ist! Wie viel beträgt beim Graphen der Funktionsgleichung $y = 2{,}5x - 4$ die Steigung?* (3 Pkt.)

**Aufgabe 7**: *Wie heißt die Funktionsgleichung des folgenden im Koordinatensystem dargestellten Graphen?* (8 Pkt.)

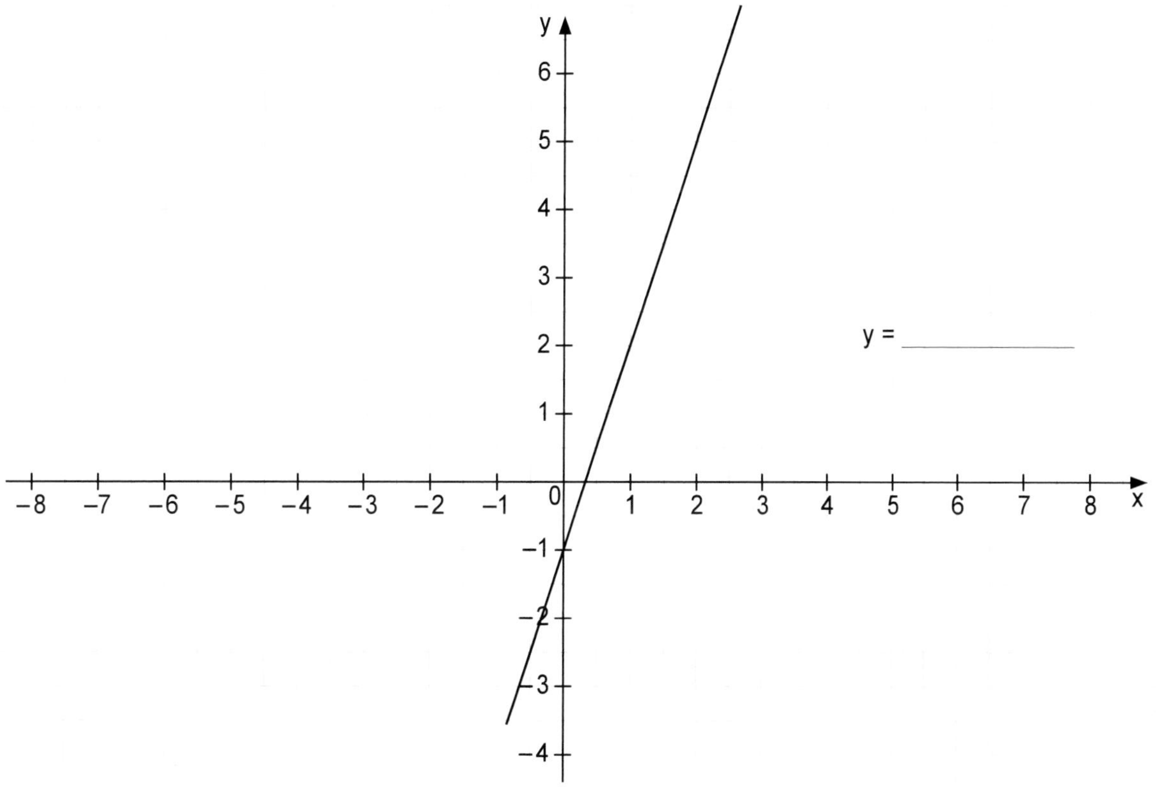


*Ergänze zum oberen Graphen in der anschließenden Wertetabelle die fehlenden x-Werte!*

*Wertetabelle:*

| x | | | | | |
|---|---|---|---|---|---|
| y | 5 | 3,5 | 2 | –1 | –4 |

Lineare Funktionen
Kopiervorlagen – Bestell-Nr. 11 536
KOHL VERLAG

**Aufgabe 8:** *Finde heraus, wie die Funktionsgleichungen der beiden im anschließenden Koordinatensystem abgebildeten Graphen heißen! Notiere außerdem in den zwei Wertetabellen die fehlenden y-Werte!* (12 Pkt.)

Wertetabelle:

| x | y |
|---|---|
| 2 | |
| 1 | |
| 0 | |
| −1 | |
| −2 | |

y = ______

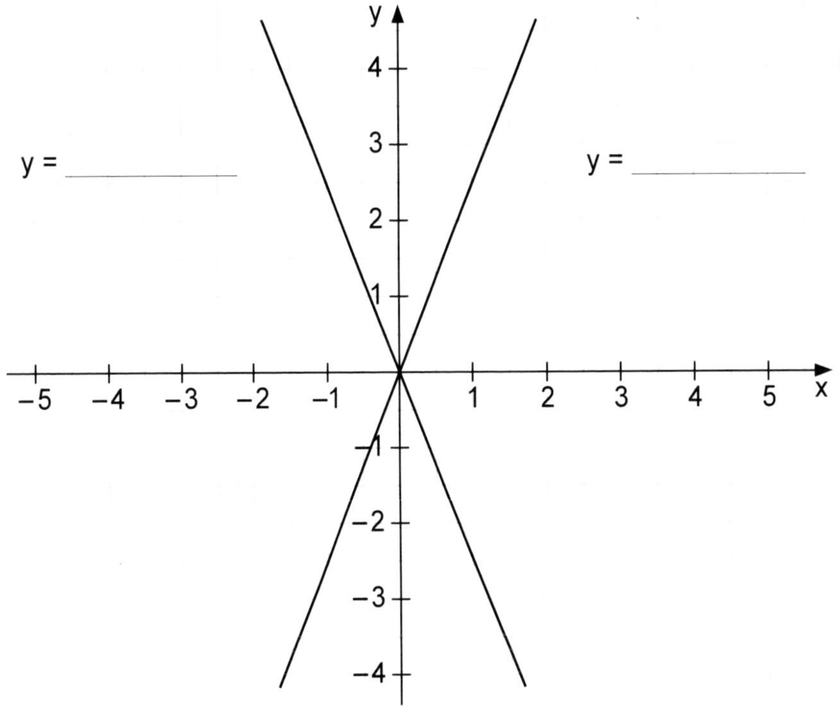

y = ______

Wertetabelle:

| x | y |
|---|---|
| 2 | |
| 1 | |
| 0 | |
| −1 | |
| −2 | |

**Aufgabe 9:** *Was ist die Nullstelle eines Graphen? Welcher Wert beträgt hier Null (= 0)?* (3 Pkt.)

**Aufgabe 10:** *Zeichne ins untere Koordinatensystem ein, wo der Graph mit der Funktionsgleichung y = −2x + 2 seine Nullstelle hat! Berechne auch die Nullstelle!* (8 Pkt.)

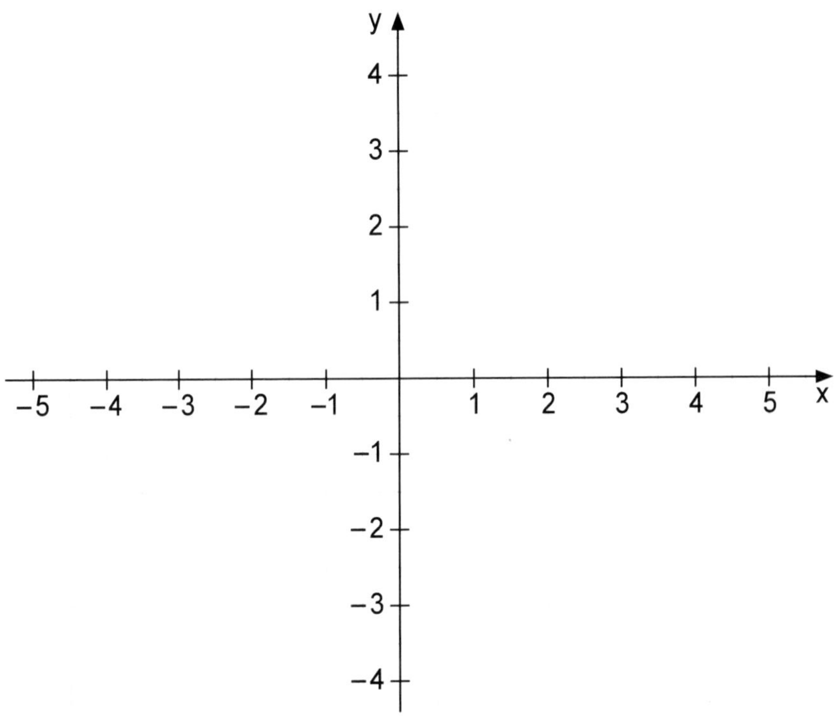





Insgesamt 60 Punkte erreichbar! B

| **Arbeit II zum Thema: Lineare Funktionen (A)** | Vor- und Nachname: ______________________ Datum: __________ |
|---|---|

**Aufgabe 1**: *Zeichne in das kartesische Koordinatensystem den Graphen ein, der die nachfolgende Wertetabelle aufweist. Bestimme außerdem, wie die Funktionsgleichung heißt!* (4 Pkt.)

*Wertetabelle:*

| x | 0 | 1 | 2 | –1 | –2 |
|---|---|---|---|---|---|
| y | 3 | 5 | 7 | 1 | –1 |

y = ____________

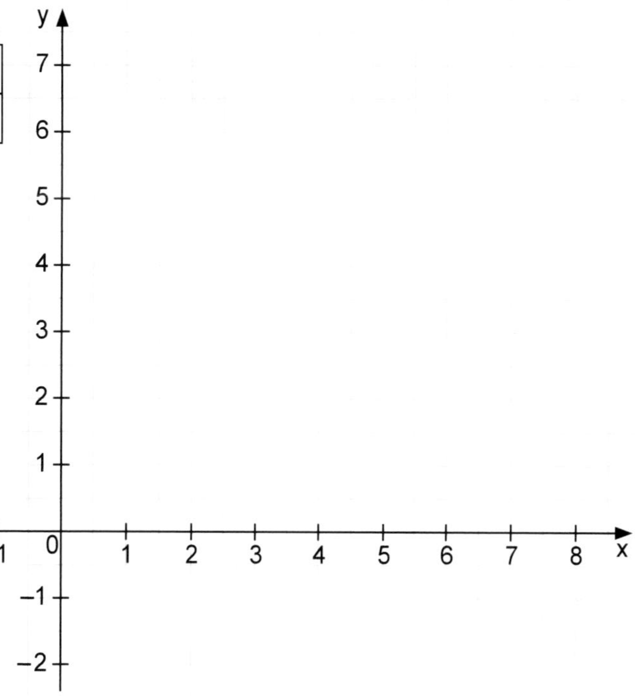


**Aufgabe 2**: *Trage zunächst den Graphen der Funktionsgleichung $y = 3x - 6$ in das kartesische Koordinatensystem ein. Ermittle dann zeichnerisch und rechnerisch, wo die lineare Funktion ihre Nullstelle hat!* (6 Pkt.)

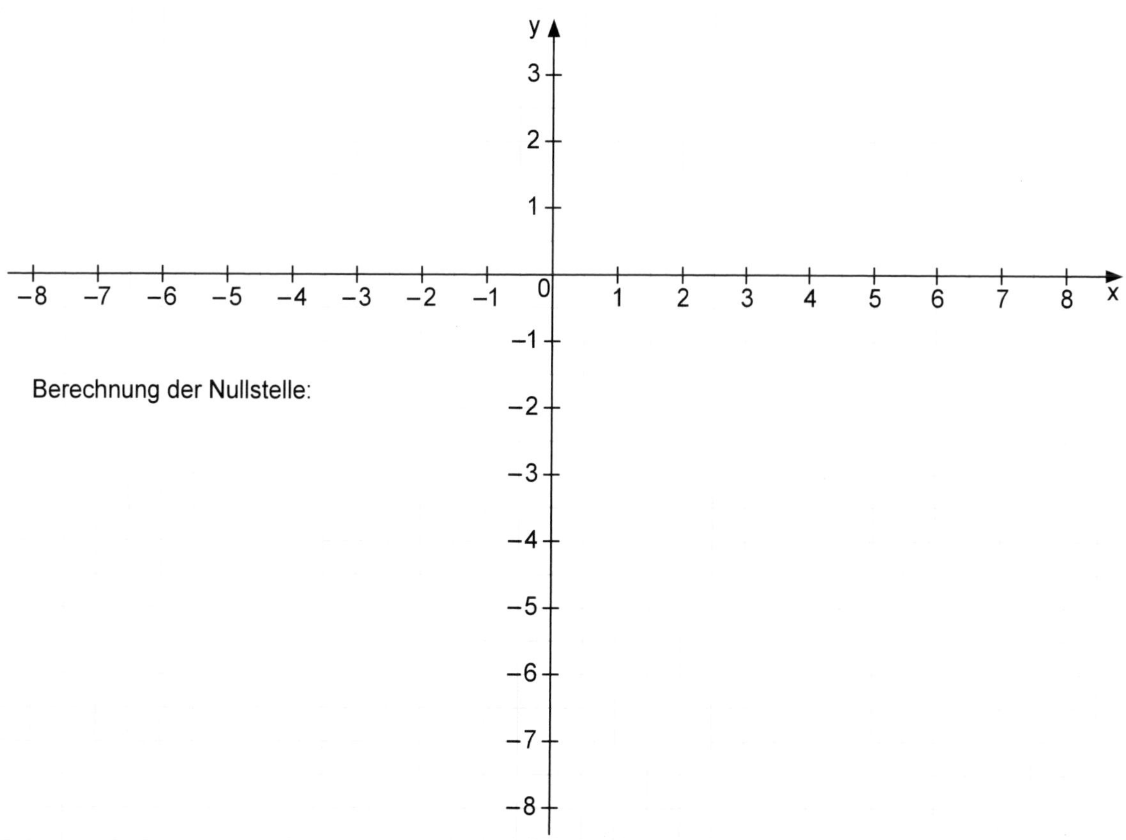


Berechnung der Nullstelle:

**<u>Aufgabe 3</u>:** *Zu zeichnen ist der Graph, der durch die beiden Punkte* P (0 / 1) *und* Q (2 / 7) *verläuft. Wie heißt die Funktionsgleichung dieses Graphen?* (4 Pkt.)

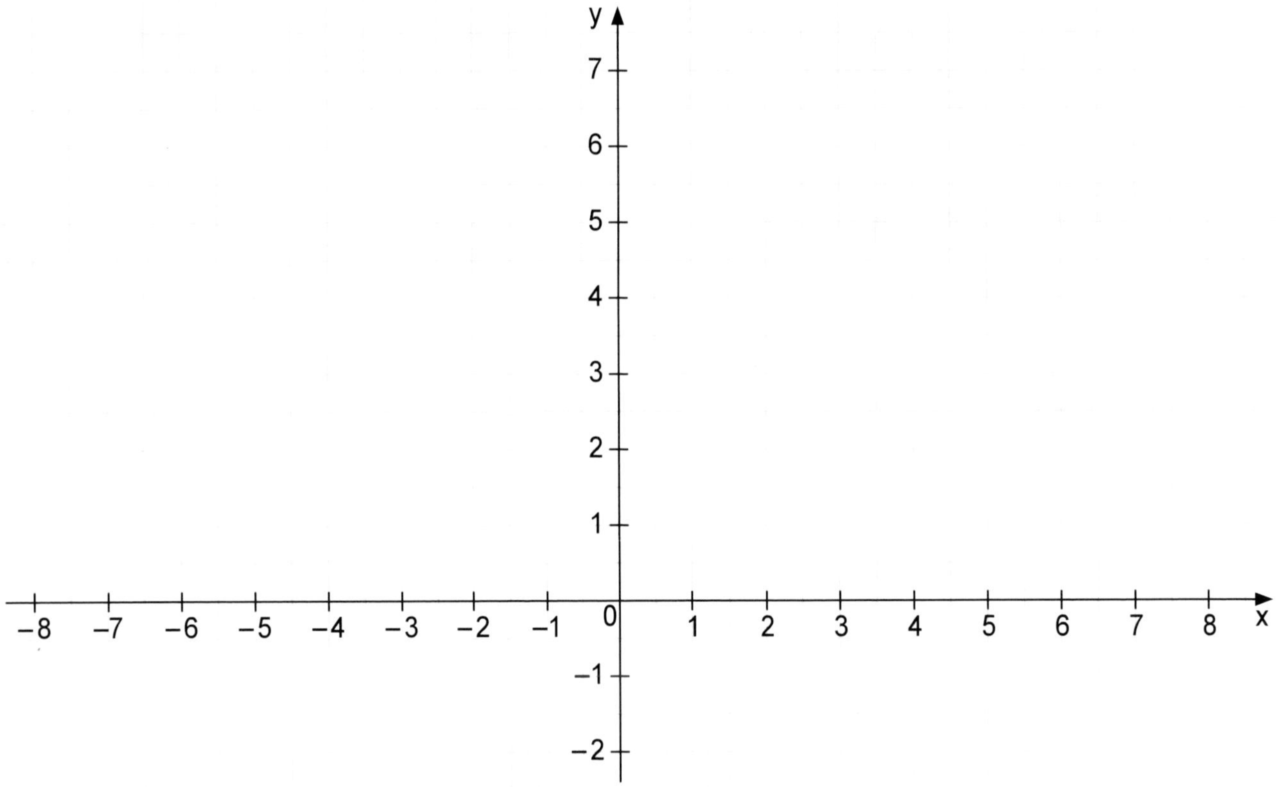


**<u>Aufgabe 4</u>:** *Wie verläuft der Graph, der durch die Punkte* P (4 / −4) *und* Q (−3 / −0,5) *geht, im kartesischen Koordinatensystem? Finde zudem heraus, wie die Funktionsgleichung lautet!* (4 Pkt.)

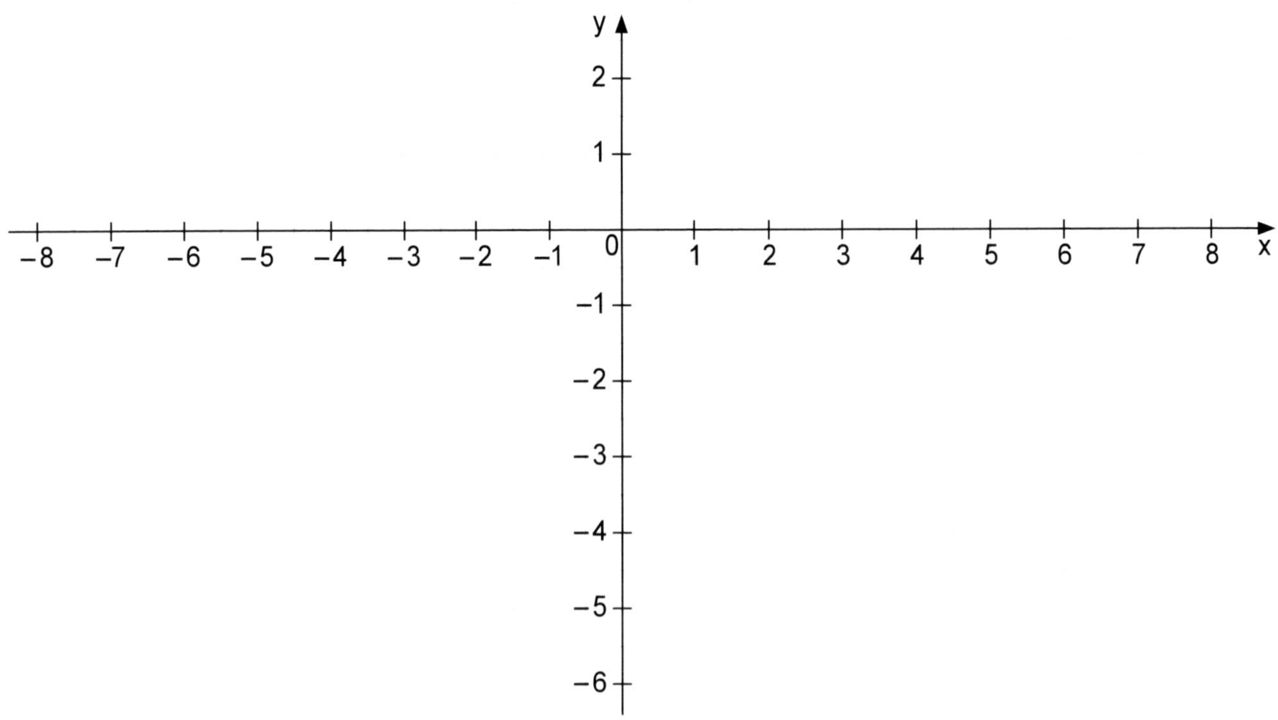

**Aufgabe 5**: *Bestimme zeichnerisch den gemeinsamen Schnittpunkt der beiden Funktionsgleichungen $y = 2x - 1$ und $y = -x + 5$!* (4 Pkt.)

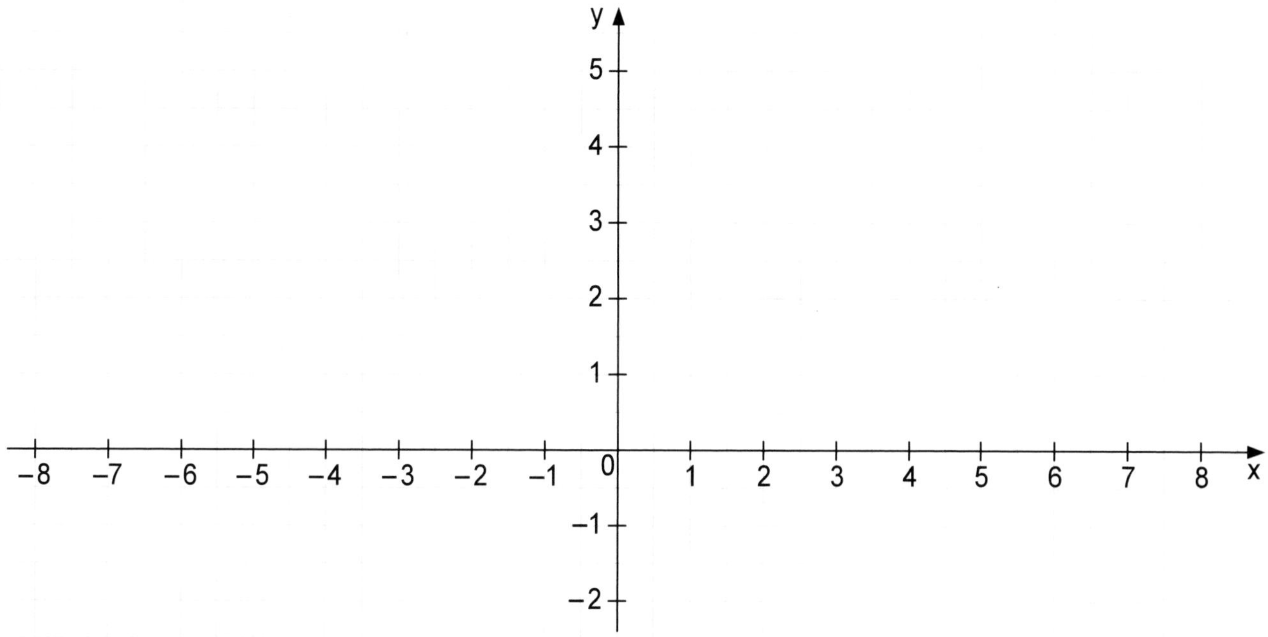

**Aufgabe 6**: *Berechne den gemeinsamen Schnittpunkt der zwei Funktionsgleichungen $y = 4x + 2$ und $y = -2x - 4$!* (4 Pkt.)

**Aufgabe 7**: *Ein Wanderer marschiert mit einer Geschwindigkeit von 4 km/h.*

a) *Welche Entfernung legt der Wanderer in $5\frac{1}{4}$ Stunden zurück?* (1 Pkt.)

b) *Nach welcher Funktionsgleichung lässt sich die Streckenlänge (= Entfernung) des Wanderers berechnen, wenn y die Streckenlänge (in km) und x die Zeit (in Stunden) angibt?* (3 Pkt.)

c) *Trage den Graphen der Funktionsgleichung in das Koordinatensystem ein!* (2 Pkt.)

**Aufgabe 8**: *Ein Stromanbieter fordert von den Kunden eine Grundgebühr von 10 Euro im Monat sowie 0,18 Euro für jede verbrauchte Kilowattstunde (kWh).*

a) *Wie viel Geld ist für den Verbrauch von 3000 kWh im Jahr zu zahlen?* (2 Pkt.)

b) *Zeichne in das folgende Koordinatensystem den Graphen ein, der den Zusammenhang zwischen dem Stromverbrauch (in kWh) und den Kosten (in Euro) pro Jahr aufzeigt!?* (2 Pkt.)

c) *Wie heißt zum Graphen die Funktionsgleichung, mit der sich die Stromkosten im Jahr berechnen lassen?* (2 Pkt.)

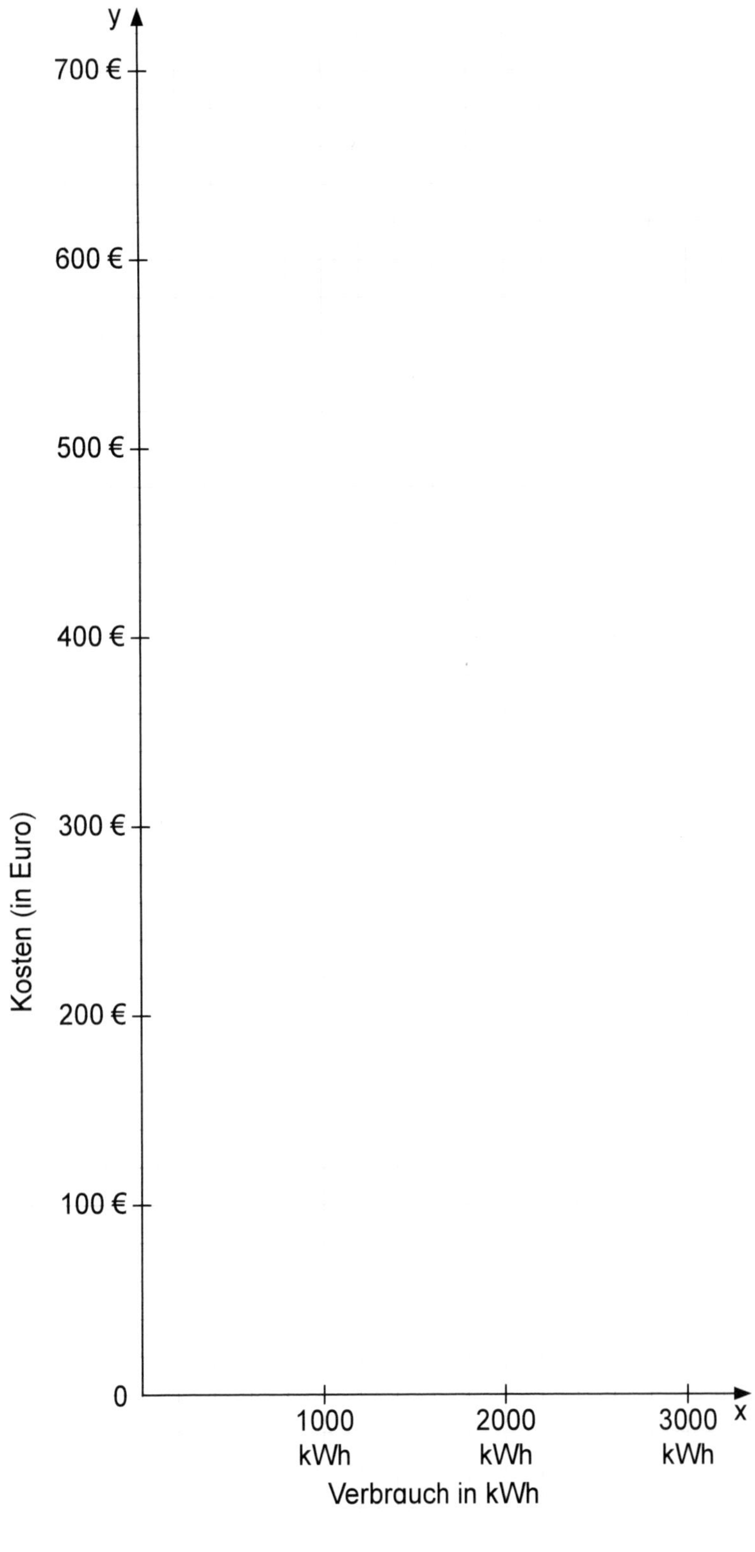

**Aufgabe 9**: *Die Summe zweier positiver Zahlen beträgt 21, die Differenz 3. Stelle bezogen darauf die 2 Funktionsgleichungen auf, zeichne deren Graph und zeige zeichnerisch sowie rechnerisch auf, welche die beiden gesuchten Zahlen sind!* (6 Pkt.)

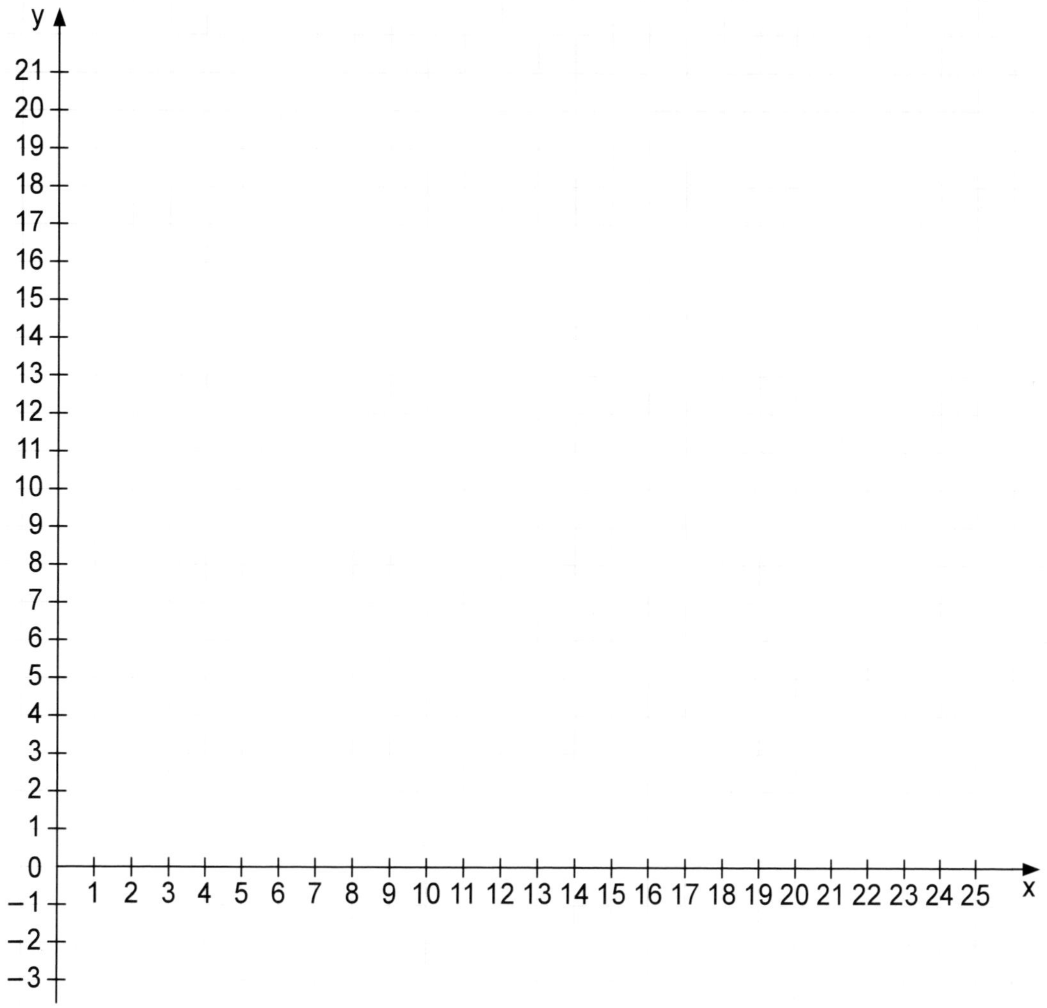

**Aufgabe 10**: *Zwei Freunde, die 35 km voneinander entfernt wohnen, fahren am Wochenende einander per Fahrrad entgegen. Beide beginnen ihre Fahrt von ihrem jeweiligen Wohnort aus gleichzeitig um 10 Uhr. Der eine Junge (Alex) startet von Aburg aus, der andere (Ben) von Bheim. Alex fährt durchweg mit einer Geschwindigkeit von 20 km/h, Ben mit einer Geschwindigkeit von 15 km/h.*

*a) Um wie viel Uhr treffen sich die beiden Freunde?* (2 Pkt.)

*b) Wie viele Kilometer ist der Treffpunkt von Aburg entfernt?* (2 Pkt.)

*c) Löse die Aufgaben zeichnerisch (d. h. durch 2 im Koordinatensystem sich schneidende Graphen) und rechnerisch (d. h. Bestimmen von 2 Funktionsgleichungen, deren gemeinsamer Schnittpunkt im Weiteren zu errechnen ist)!* (4 Pkt.)

**A** Insgesamt 52 Punkte erreichbar!

| **Arbeit II zum Thema: Lineare Funktionen (B)** | Vor- und Nachname: ______________________ Datum: __________ |
|---|---|

**Aufgabe 1**: *Zeichne in das kartesische Koordinatensystem den Graphen ein, der die nachfolgende Wertetabelle aufweist. Bestimme außerdem, wie die Funktionsgleichung heißt!* (4 Pkt.)

*Wertetabelle:*

| x | 0 | 1 | 2 | −1 | −2 |
|---|---|---|---|---|---|
| y | 1 | 3 | 5 | −1 | −3 |

y = ______________

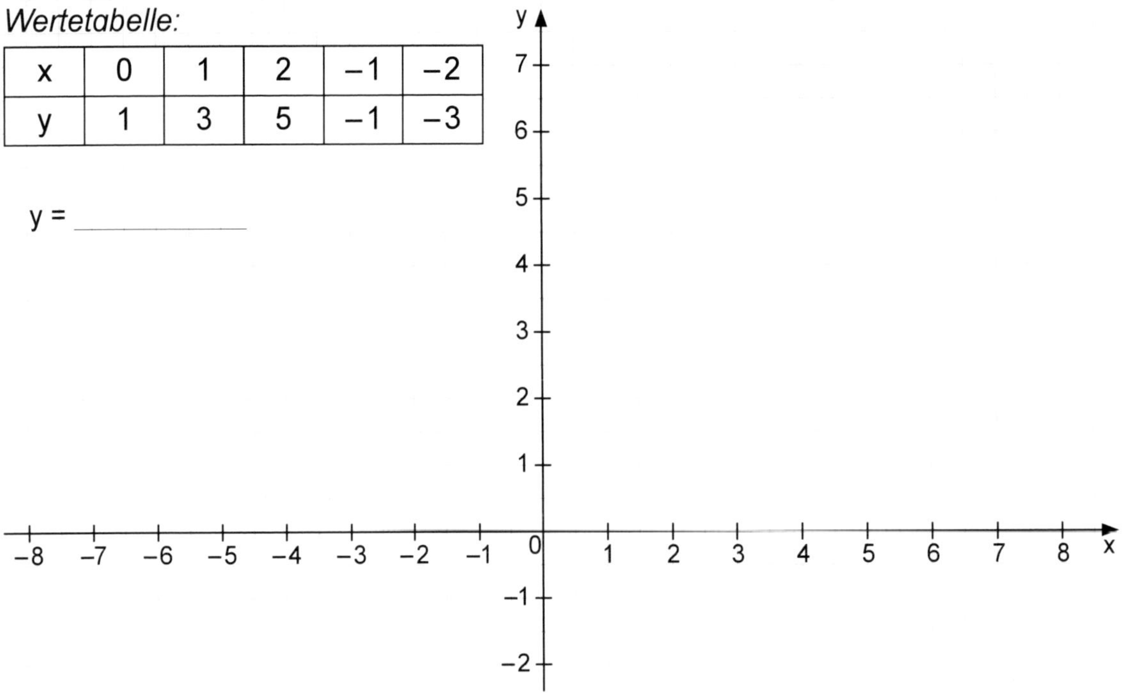

**Aufgabe 2**: *Trage zunächst den Graphen der Funktionsgleichung y = 4x – 4 in das kartesische Koordinatensystem ein. Ermittle dann zeichnerisch und rechnerisch, wo die lineare Funktion ihre Nullstelle hat!* (6 Pkt.)

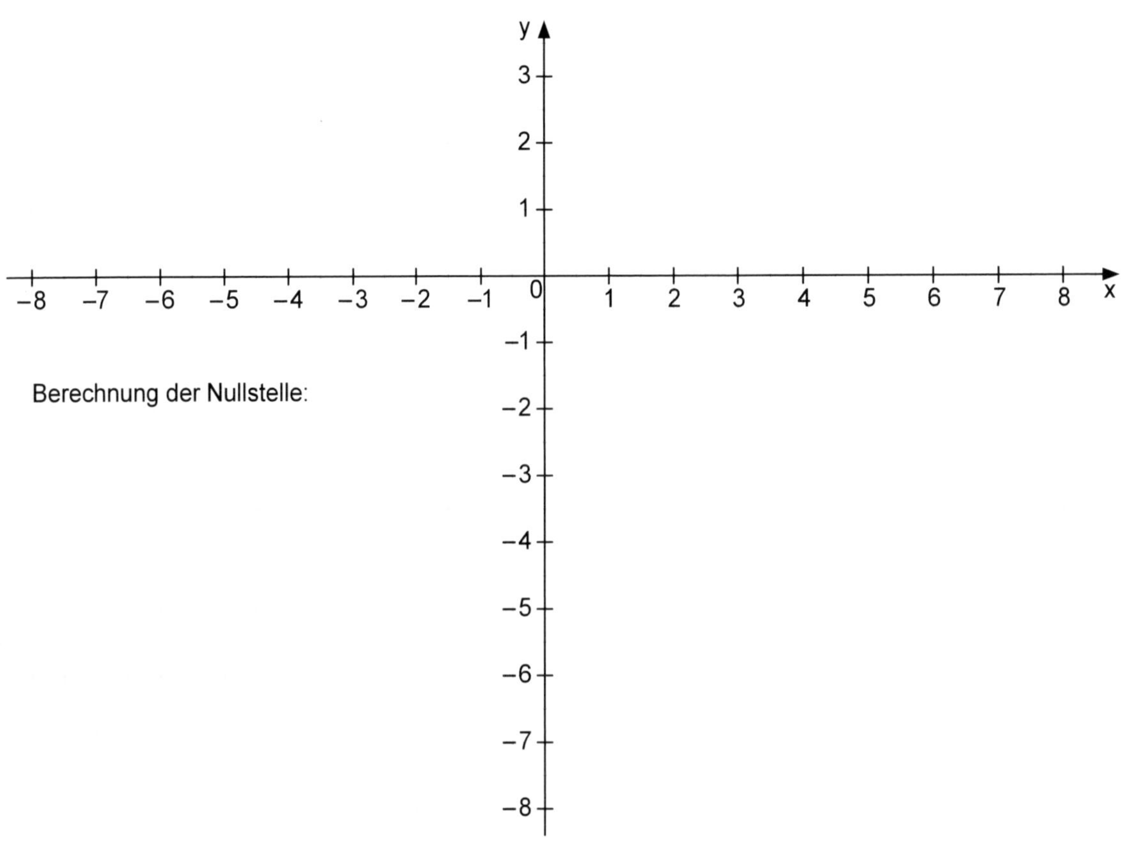

Berechnung der Nullstelle:



KOHL VERLAG Lineare Funktionen Kopiervorlagen – Bestell-Nr. 11 536

**Aufgabe 3:** *Zu zeichnen ist der Graph, der durch die beiden Punkte* P (2 / 8) *und* Q (0 / 2) *verläuft. Wie heißt die Funktionsgleichung dieses Graphen?* (4 Pkt.)

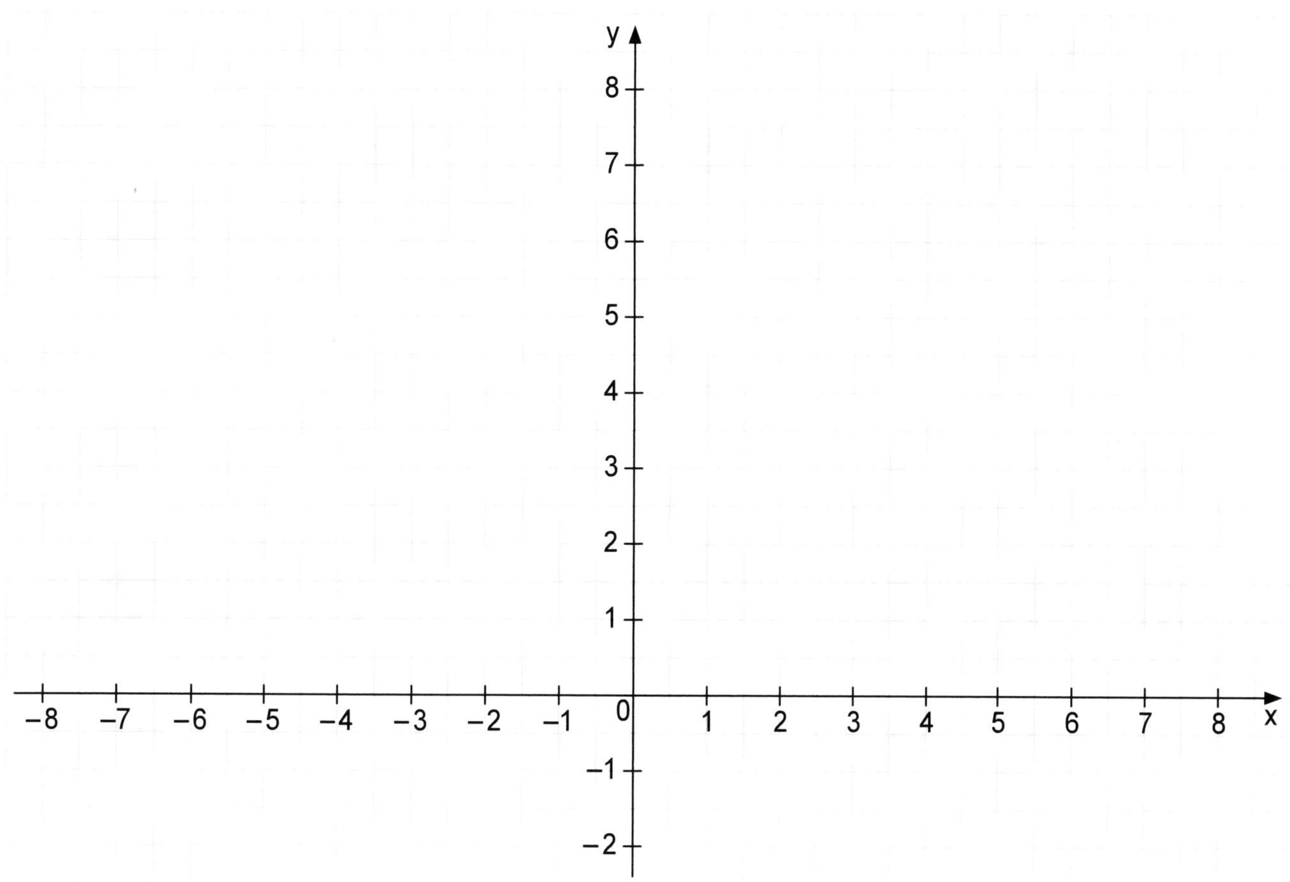


**Aufgabe 4:** *Wie verläuft der Graph, der durch die Punkte* P (2 / −4) *und* Q (−3 / 3,5) *geht, im kartesischen Koordinatensystem? Finde zudem heraus, wie die Funktionsgleichung lautet!* (4 Pkt.)

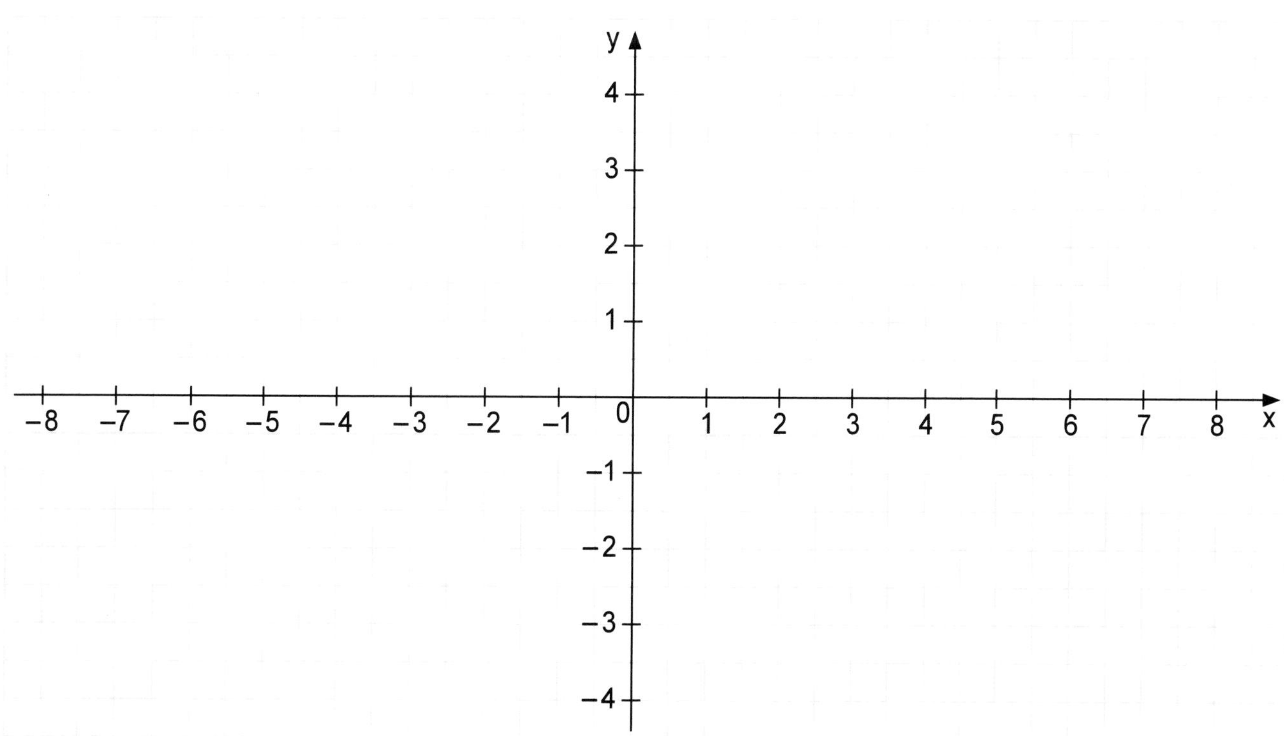

**Aufgabe 5**: *Bestimme zeichnerisch den gemeinsamen Schnittpunkt der beiden Funktionsgleichungen $y = 3x - 4$ und $y = -x + 4$!* (4 Pkt.)

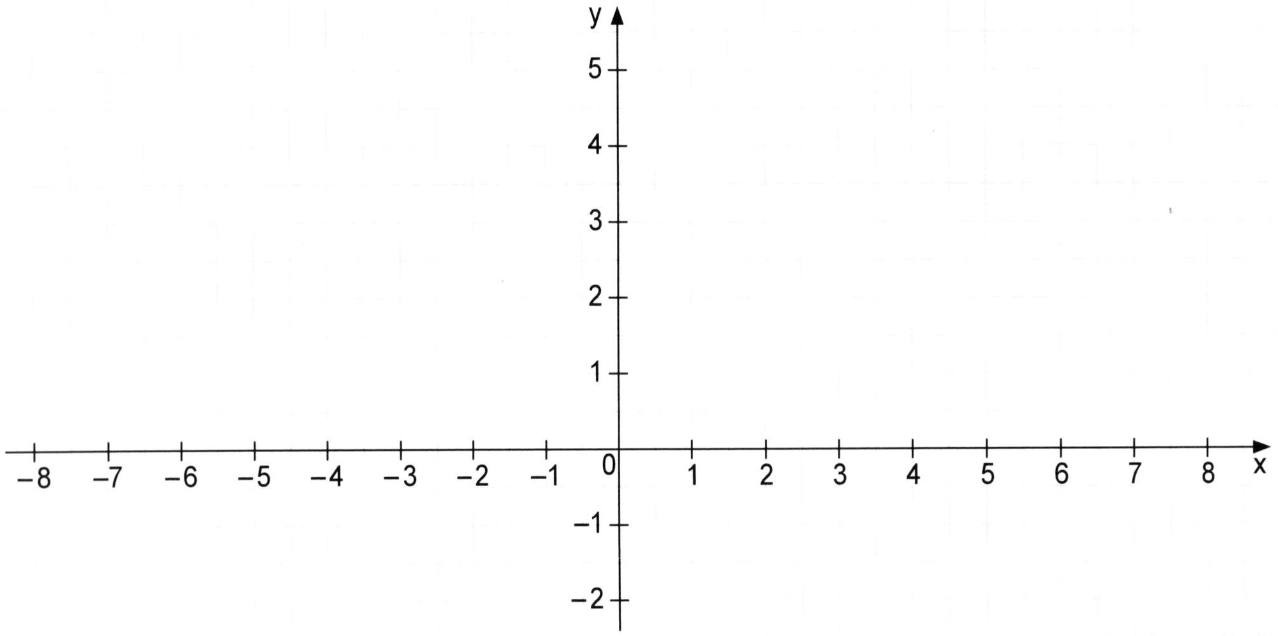

**Aufgabe 6**: *Berechne den gemeinsamen Schnittpunkt der zwei Funktionsgleichungen $y = 2x + 5$ und $y = -3x - 10$!* (4 Pkt.)

**Aufgabe 7**: *Ein Wanderer marschiert mit einer Geschwindigkeit von 5 km/h.*

a) *Welche Entfernung legt der Wanderer in $4\frac{3}{4}$ Stunden zurück?* (1 Pkt.)

b) *Nach welcher Funktionsgleichung lässt sich die Streckenlänge (= Entfernung) des Wanderers berechnen, wenn y die Streckenlänge (in km) und x die Zeit (in Stunden) angibt?* (3 Pkt.)

c) *Trage den Graphen der Funktionsgleichung in das Koordinatensystem ein!* (2 Pkt.)

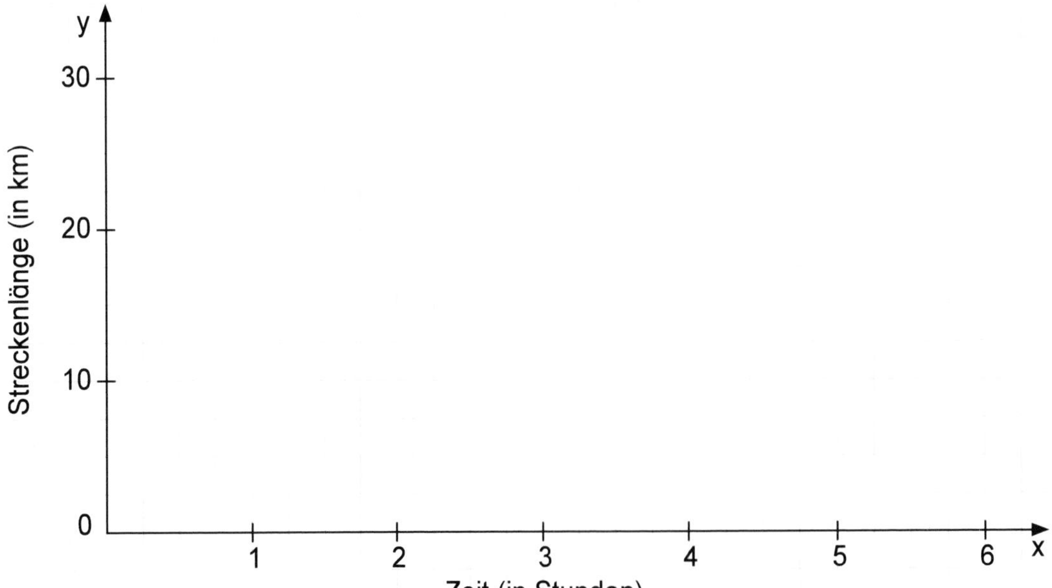






B

**Aufgabe 8:** *Ein Stromanbieter fordert von den Kunden eine Grundgebühr von 14 Euro im Monat sowie 0,15 Euro für jede verbrauchte Kilowattstunde (kWh).*

a) *Wie viel Geld ist für den Verbrauch von 2000 kWh im Jahr zu zahlen?* (2 Pkt.)

b) *Zeichne in das folgende Koordinatensystem den Graphen ein, der den Zusammenhang zwischen dem Stromverbrauch (in kWh) und den Kosten (in Euro) pro Jahr aufzeigt!?* (2 Pkt.)

c) *Wie heißt zum Graphen die Funktionsgleichung, mit der sich die Stromkosten im Jahr berechnen lassen?* (2 Pkt.)

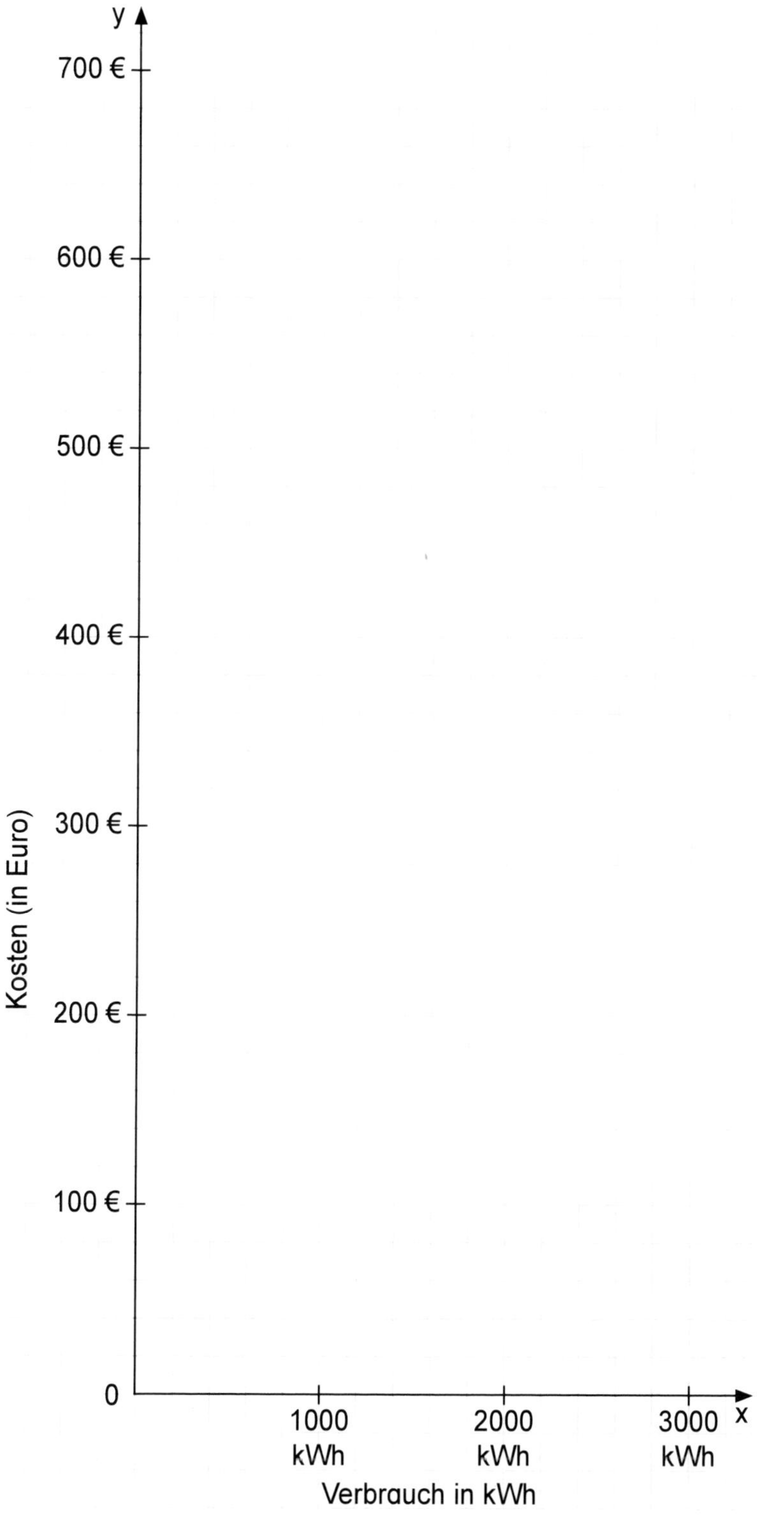

**Aufgabe 9:** *Die Summe zweier positiver Zahlen beträgt 15, die Differenz 5. Stelle bezogen darauf die 2 Funktionsgleichungen auf, zeichne deren Graph und zeige zeichnerisch sowie rechnerisch auf, welche die beiden gesuchten Zahlen sind!* (6 Pkt.)

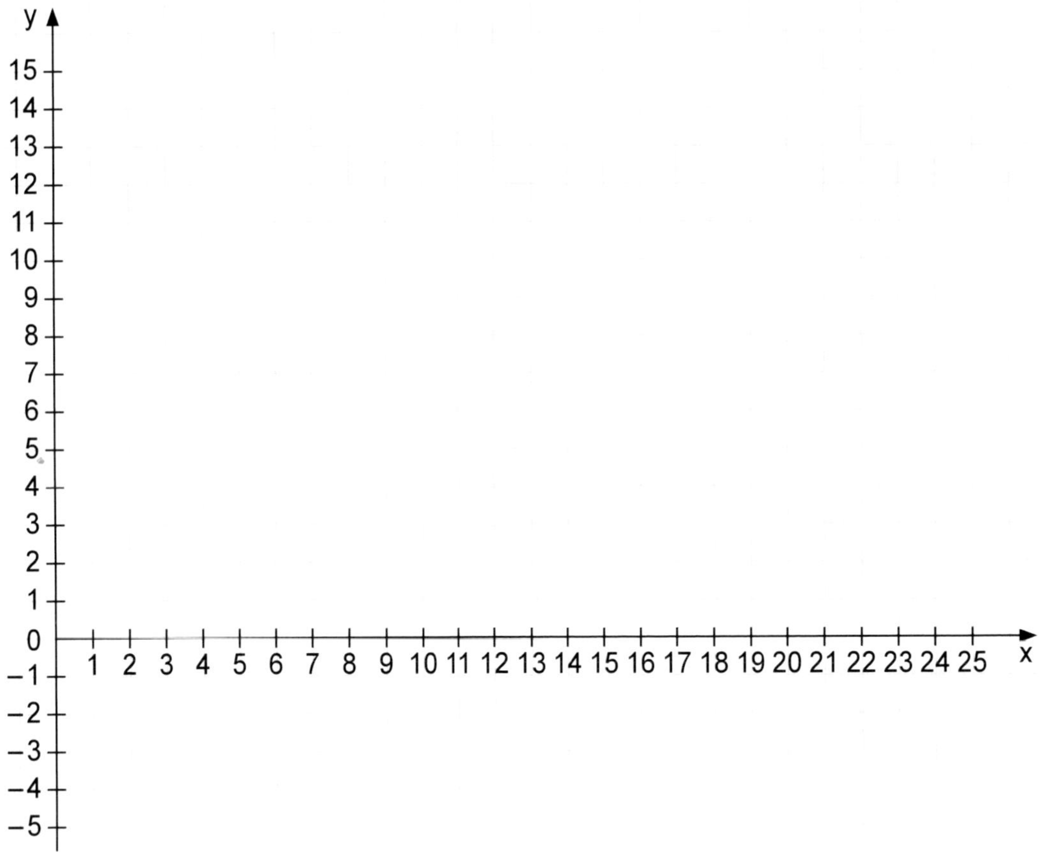


**Aufgabe 10:** *Zwei Freunde, die 60 km voneinander entfernt wohnen, fahren am Wochenende einander per Fahrrad entgegen. Beide beginnen ihre Fahrt von ihrem jeweiligen Wohnort aus gleichzeitig um 11 Uhr. Der eine Junge (Alex) startet von Aburg aus, der andere (Ben) von Bheim. Alex fährt durchweg mit einer Geschwindigkeit von 22 km/h, Ben mit einer Geschwindigkeit von 18 km/h.*

*a) Um wie viel Uhr treffen sich die beiden Freunde?* (2 Pkt.)

*b) Wie viele Kilometer ist der Treffpunkt von Aburg entfernt?* (2 Pkt.)

*c) Löse die Aufgaben zeichnerisch (d. h. durch 2 im Koordinatensystem sich schneidende Graphen) und rechnerisch (d. h. Bestimmen von 2 Funktionsgleichungen, deren gemeinsamer Schnittpunkt im Weiteren zu errechnen ist)!* (4 Pkt.)

KOHL VERLAG Lineare Funktionen Kopiervorlagen – Bestell-Nr. 11 536



Insgesamt 52 Punkte erreichbar! B

# Lineare Funktionen – Was weißt du, was kannst du?

***Deine Selbstkontrolle:***

| | | Ja | Nein |
|---|---|---|---|
| 1. | Den Aufbau des kartesischen Koordinatensystems kennen und erklären können. | ☐ | ☐ |
| 2. | Die Koordinaten von Punkten im kartesischen Koordinatensystem ablesen bzw. benennen. | ☐ | ☐ |
| 3. | Punkte anhand von Koordinaten in das kartesische Koordinatensystem eintragen. | ☐ | ☐ |
| 4. | Wissen, was Graphen sind. | ☐ | ☐ |
| 5. | Informationen aus ins kartesische Koordinatensystem eingezeichneten Graphen entnehmen. | ☐ | ☐ |
| 6. | Zu linearen Funktionen der Form y = m x Wertetabellen erstellen. | ☐ | ☐ |
| 7. | Graphen zu linearen Funktionen der Form y = m x zeichnen. | ☐ | ☐ |
| 8. | Zu Graphen die linearen Funktionen der Form y = m x (be)nennen. | ☐ | ☐ |
| 9. | Zu linearen Funktionen der Form y = m x + n Wertetabellen erstellen. | ☐ | ☐ |
| 10. | Graphen zu linearen Funktionen der Form y = m x + n zeichnen. | ☐ | ☐ |
| 11. | Zu Graphen die linearen Funktionen der Form y = m x + n (be)nennen. | ☐ | ☐ |
| 12. | Nullstellen linearer Funktionen im kartesischen Koordinatensystem ablesen und auch berechnen. | ☐ | ☐ |
| 13. | Lineare Funktionen anhand von 2 Punkten graphisch darstellen und benennen. | ☐ | ☐ |
| 14. | Jeweils 2 Graphen mit ihrem Schnittpunkt zeichnen. | ☐ | ☐ |
| 15. | Den Schnittpunkt jeweils zweier linearer Funktionen berechnen. | ☐ | ☐ |
| 16. | In Texten angesprochene Verhältnisse jeweils zweier Größen im kartesischen Koordinatensystem darstellen. | ☐ | ☐ |
| 17. | Anhand von in Texten genannten Sachverhalten lineare Funktionen bestimmen. | ☐ | ☐ |
| 18. | Zu Textangaben Graphen darstellen und deren Schnittpunkte zeichnerisch ermitteln. | ☐ | ☐ |
| 19. | Zu Textangaben lineare Funktionen benennen und deren Schnittpunkte berechnen. | ☐ | ☐ |
| 20. | Verschiedenartige Textaufgaben zu linearen Funktionen lösen. | ☐ | ☐ |

Lineare Funktionen
Kopiervorlagen – Bestell-Nr. 11 536
KOHL VERLAG

# Lösungen

## Kartesisches Koordinatensystem und lineare Funktionen

### Richtig oder falsch? **Seite 4**

**Aufgabe 1:** 1. falsch; 2. richtig; 3. richtig; 4. falsch; 5. richtig; 6. falsch; 7. falsch; 8. richtig; 9. richtig; 10. falsch.

**Aufgabe 2:** 1. Das kartesische Koordinatensystem ist nach dem <u>französischen</u> Mathematiker und Philosophen Descartes benannt.

4. Die Quadranten werden <u>entgegen dem Uhrzeigerverlauf</u> von I bis IV gezählt.

6. Bei der Angabe eines Punktes im kartesischen Koordinatensystem wird <u>zuerst die x-Koordinate und danach die y-Koordinate genannt</u>.

7. Im Quadranten I des kartesischen Koordinatensystems liegen die Punkte, die einen <u>positiven</u> x-Wert und einen positiven y-Wert aufweisen.

10. Der Graph einer linearen Funktion verläuft <u>geradlinig</u>.

## Punkte im Koordinatensystem

**Aufgabe 1:** A (2 / 3); B (0 / 1); C (–4,5 / 2); D (–7 / 4); E (–6 / –4); F (–1,5 / –3); G (2 / –4); H (7 / –3,5). **Seite 5**

**Aufgabe 2:**

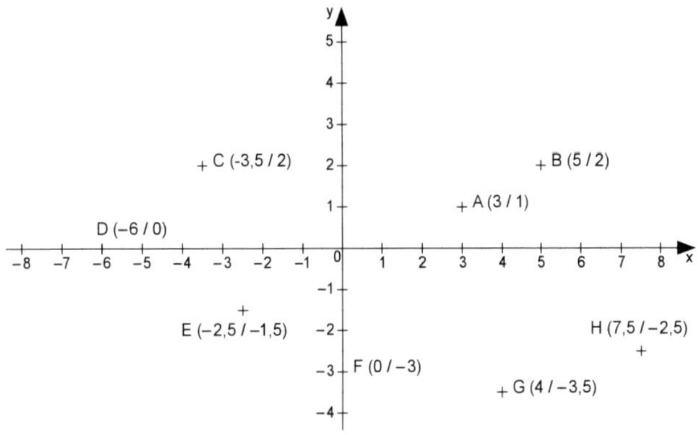


**Aufgabe 3:** **Seite 6**

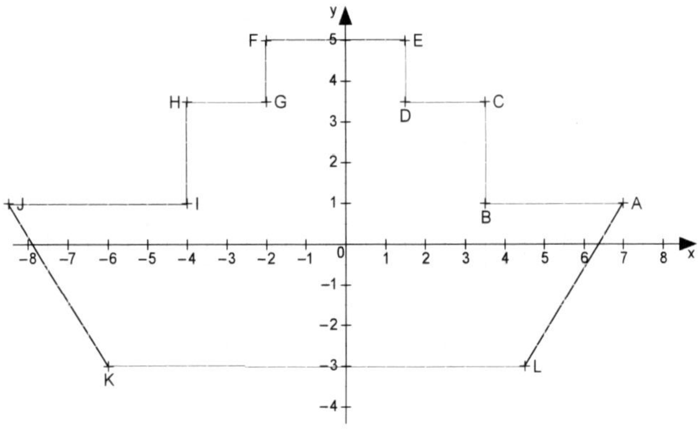


## Lineare Funktionen (Ablesen von Werten)

**Aufgabe 1:** a) 15 Geräte, b) 120 Geräte, c) in 5 Stunden, d) 14 Stunden **Seite 9**

**Aufgabe 1:** b) 150 Geräte, c) in 8,75 Stunden **Seite 10**

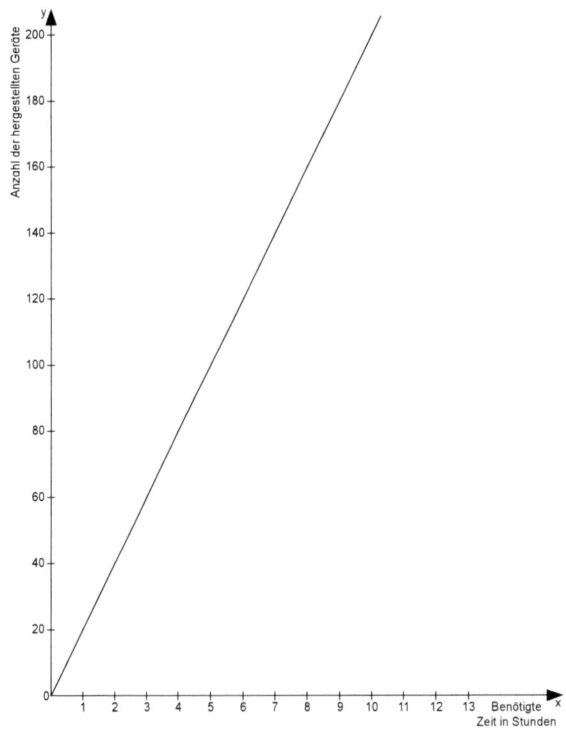


KOHL VERLAG Lineare Funktionen Kopiervorlagen – Bestell-Nr. 11 536

## Lineare Funktionen (Punkte, Graphen)

**Seite 11**

**Aufgabe 1:** a) Alle Punkte liegen auf einer Linie (Gerade).

b) Der y-Wert beträgt doppelt so viel wie der zugehörige x-Wert.
Funktionsgleichung: $y = 2x$

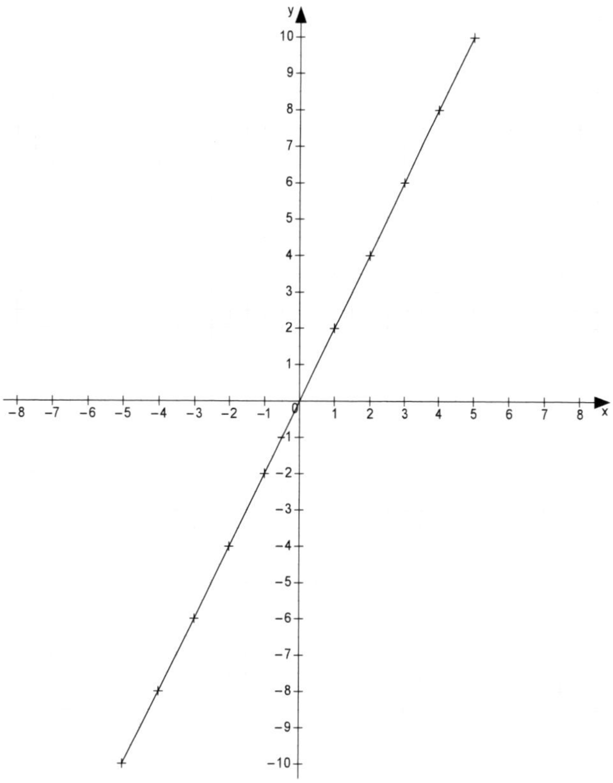


**Seite 12**

**Aufgabe 2:** a) K (1 / 3); L (1,5 / 4,5); M (2 / 6); N (2,5 / 7,5); O (3 / 9); P (–1 / –3); Q (–1,5 / –4,5); R (–2 / –6); S (–2,5 / –7,5); T (–3 / –9).

b) Alle Punkte liegen auf einer Linie (Gerade).

c) Der y-Wert beträgt dreimal so viel wie der zugehörige x-Wert.
Funktionsgleichung: $y = 3x$

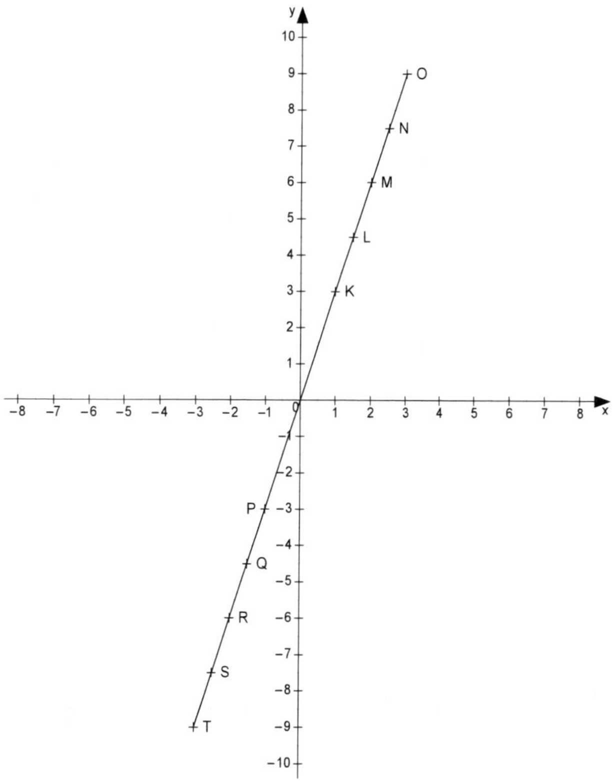

# Lineare Funktionen (Wertetabellen, Graphen)

**Seite 13**

**Aufgabe 1:** a) $y = x$

Wertetabelle:

| x | 1 | 3 | 0 | −2 | −4 |
|---|---|---|---|---|---|
| y | 1 | 3 | 0 | −2 | −4 |

b) $y = \frac{1}{2}x$

Wertetabelle:

| x | 1 | 4 | 0 | −2 | −5 |
|---|---|---|---|---|---|
| y | 0,5 | 2 | 0 | −1 | −2,5 |

c) $y = 1{,}5\,x$

Wertetabelle:

| x | 1 | 3 | 0 | −1 | −3 |
|---|---|---|---|---|---|
| y | 1,5 | 4,5 | 0 | −1,5 | −4,5 |

d) $y = 4\,x$

Wertetabelle:

| x | 1 | 2 | 0 | −0,5 | −1,5 |
|---|---|---|---|---|---|
| y | 4 | 8 | 0 | −2 | −6 |

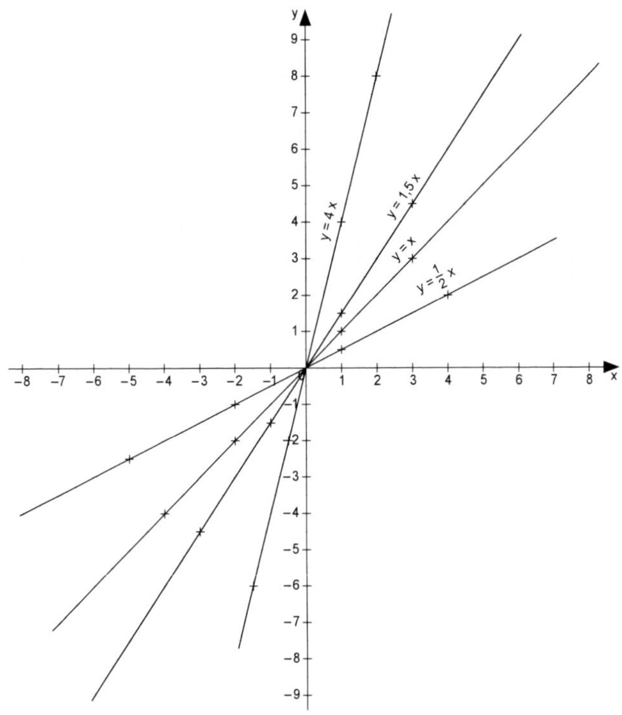


**Seite 14**

**Aufgabe 1:** a) $y = -x$

Wertetabelle:

| x | 1 | 2 | 0 | −1 | −3 |
|---|---|---|---|---|---|
| y | −1 | −2 | 0 | 1 | 3 |

b) $y = -2x$

Wertetabelle:

| x | 1 | 3 | 0 | −2 | −4 |
|---|---|---|---|---|---|
| y | −2 | −6 | 0 | 4 | 8 |

c) $y = x + 2$

Wertetabelle:

| x | 2 | 3 | 0 | −3 | −5 |
|---|---|---|---|---|---|
| y | 4 | 5 | 2 | −1 | −3 |

d) $y = -2x - 2$

Wertetabelle:

| x | 1 | 3 | 0 | −2 | −4 |
|---|---|---|---|---|---|
| y | −4 | −8 | −2 | 2 | 6 |

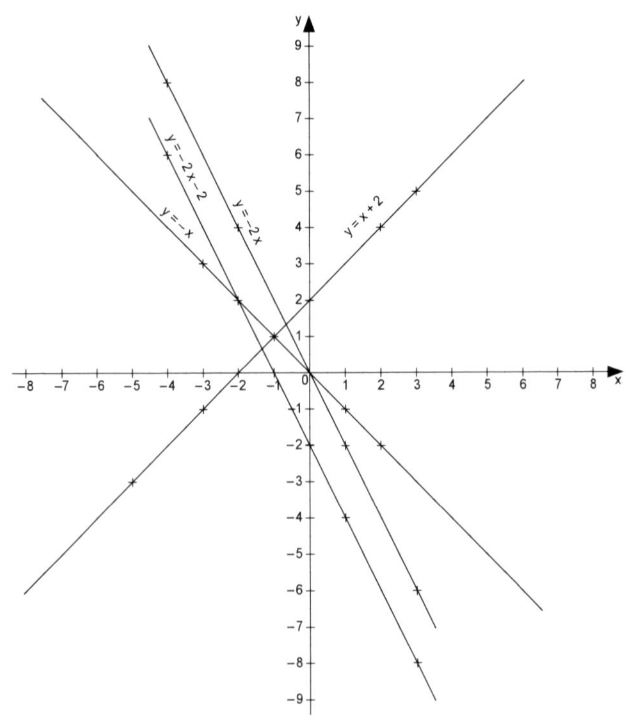


# Lineare Funktionen (y = mx)

**Seite 15**

**Aufgabe 1:** a) $y = 5x$

Wertetabelle:

| x | y |
|---|---|
| 0 | 0 |
| 1 | 5 |
| 2 | 10 |
| −1 | −5 |
| −2 | −10 |

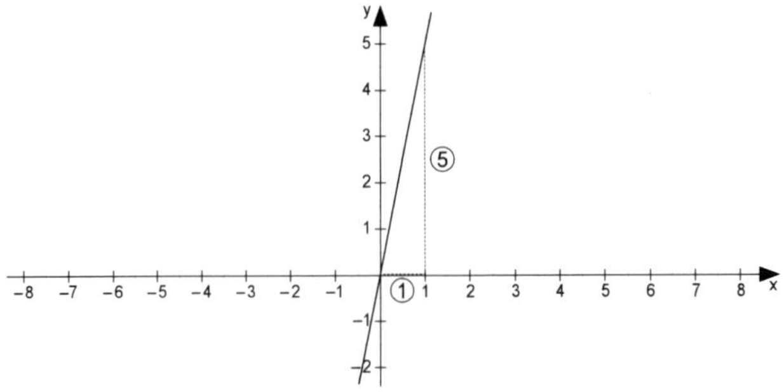

**Seite 16**

b) y = 2,5x

Wertetabelle:

| x | y |
|---|---|
| 0 | 0 |
| 1 | 2,5 |
| 2 | 5 |
| −1 | −2,5 |
| −2 | −5 |

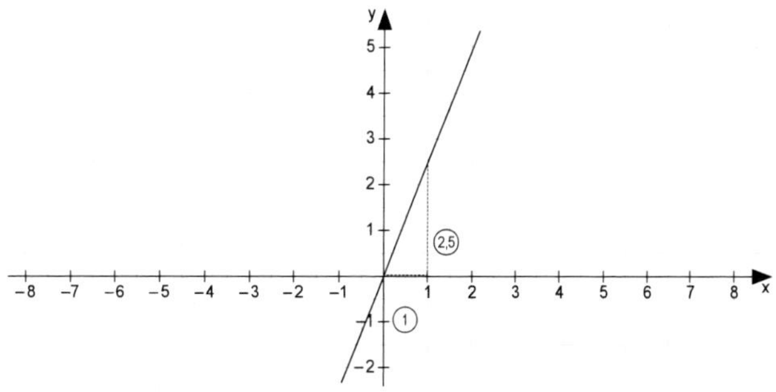

c) y = −4x

Wertetabelle:

| x | y |
|---|---|
| 0 | 0 |
| 1 | −4 |
| 2 | −8 |
| −1 | 4 |
| −2 | 8 |

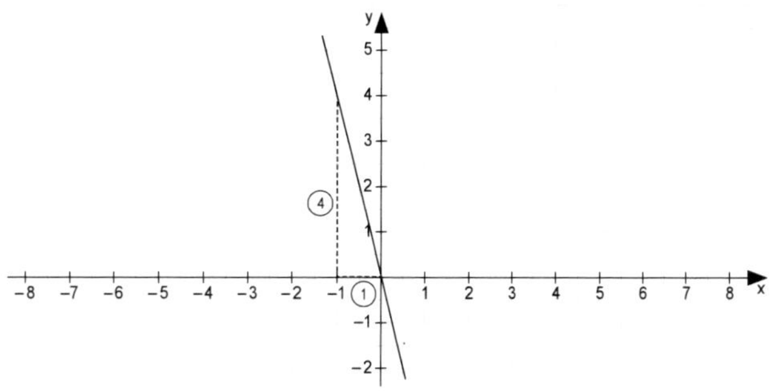

d) y = −1,5x

Wertetabelle:

| x | y |
|---|---|
| 0 | 0 |
| 1 | −1,5 |
| 2 | −3 |
| −1 | 1,5 |
| −2 | 3 |

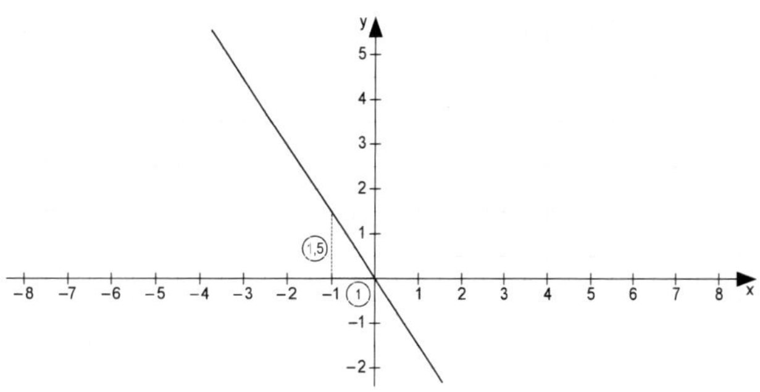

## Lineare Funktionen (y = mx)

**Seite 17**

**Aufgabe 1:** a) y = 3x − 1

Wertetabelle:

| x | y |
|---|---|
| 0 | −1 |
| 1 | 2 |
| 2 | 5 |
| −1 | −4 |
| −2 | −7 |

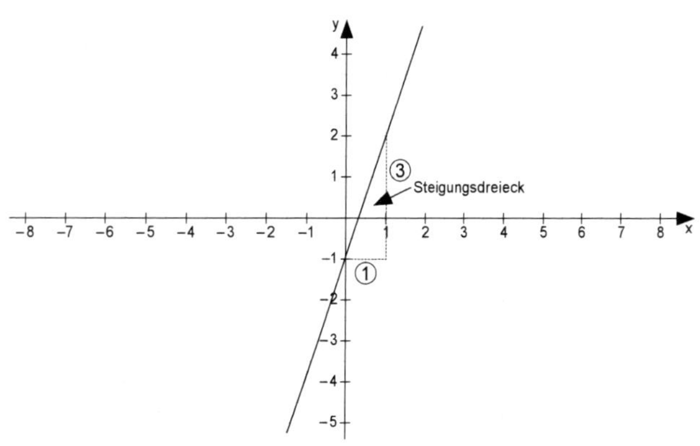


**Seite 18**

b) y = 2x + 3

Wertetabelle:

| x | y |
|---|---|
| 0 | 3 |
| 1 | 5 |
| 2 | 7 |
| −1 | 1 |
| −2 | −1 |

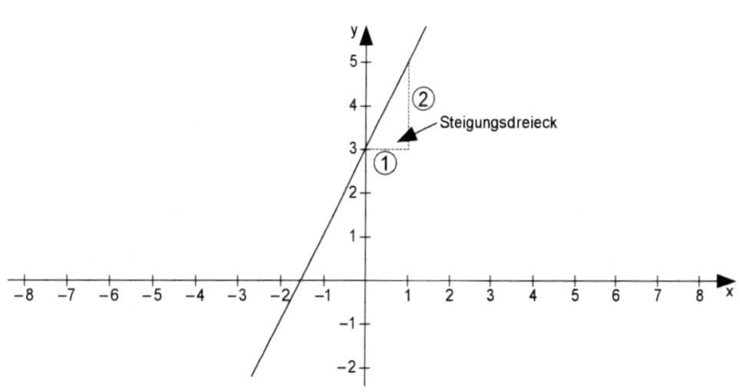


KOHL VERLAG
Lineare Funktionen
Kopiervorlagen – Bestell-Nr. 11 536

c) $y = -x + 2$

Wertetabelle:

| x | y |
|---|---|
| 0 | 2 |
| 1 | 1 |
| 2 | 0 |
| −1 | 3 |
| −2 | 4 |

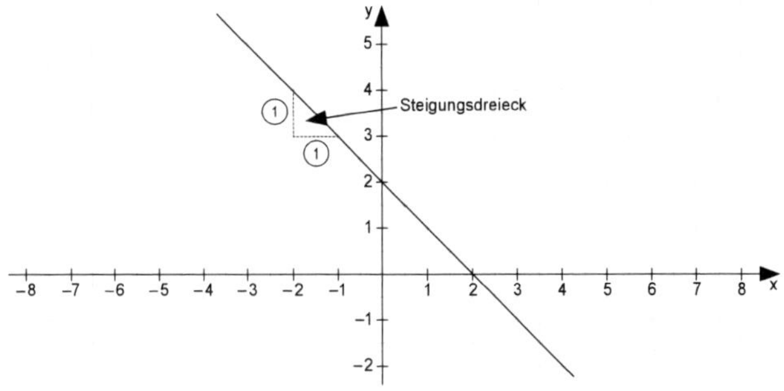


d) $y = -2{,}5x - 2$

Wertetabelle:

| x | y |
|---|---|
| 0 | −2 |
| 1 | −4,5 |
| −1 | 0,5 |
| −2 | 3 |
| −3 | 5,5 |

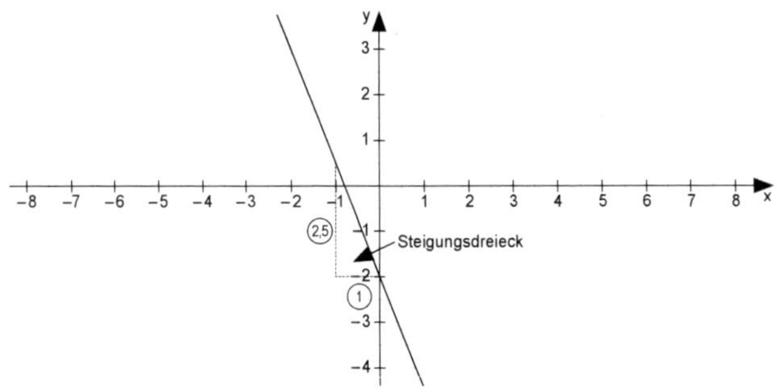


## Lineare Funktionen (Übungen zu Wertetabellen und Graphen)

**Seite 19**

**Aufgabe 1:** a) $y = x + 5$

Wertetabelle:

| x | y |
|---|---|
| 1 | 6 |
| 2 | 7 |
| 3 | 8 |
| 4 | 9 |
| 0 | 5 |
| −1 | 4 |
| −2 | 3 |
| −3 | 2 |

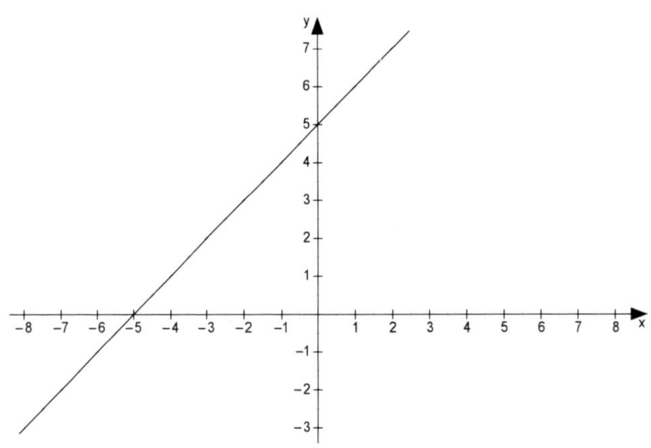

b) $y = 2x - 2$

Wertetabelle:

| x | y |
|---|---|
| 1 | 0 |
| 2 | 2 |
| 3 | 4 |
| 4 | 6 |
| 0 | −2 |
| −1 | −4 |
| −2 | −6 |
| −3 | −8 |

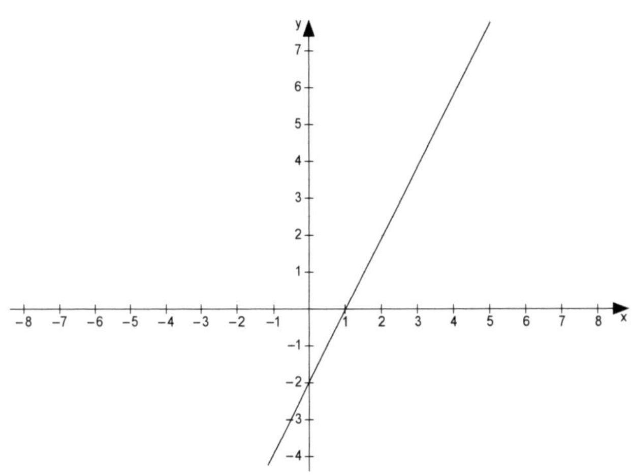

c) $y = -x + 1$

Wertetabelle:

| x | y |
|---|---|
| 1 | 0 |
| 2 | −1 |
| 3 | −2 |
| 4 | −3 |
| 0 | 1 |
| −1 | 2 |
| −2 | 3 |
| −3 | 4 |

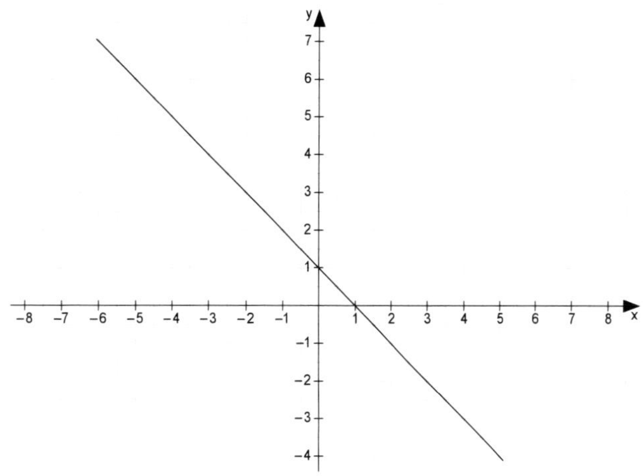

**Seite 20**

d) $y = -3x - 4$

Wertetabelle:

| x | y |
|---|---|
| 1 | −7 |
| 2 | −10 |
| 3 | −13 |
| −1 | −1 |
| −2 | 2 |
| −3 | 5 |
| −4 | 8 |
| −5 | 11 |

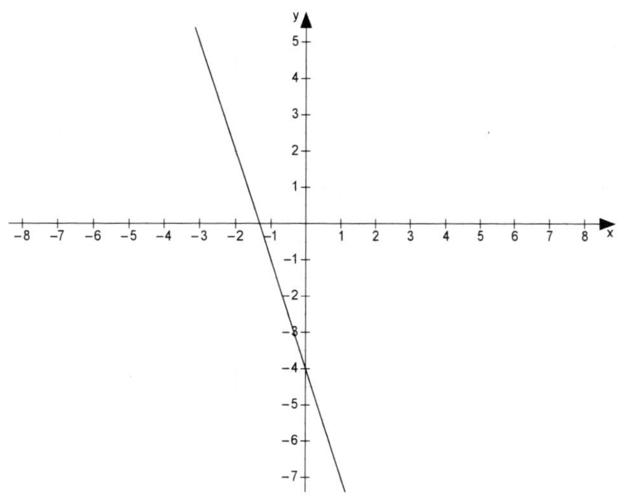

## Lineare Funktionen (Benennen der Funktionsgleichungen bei Buchstaben)

**Seite 21**

**Aufgabe 1:** a)

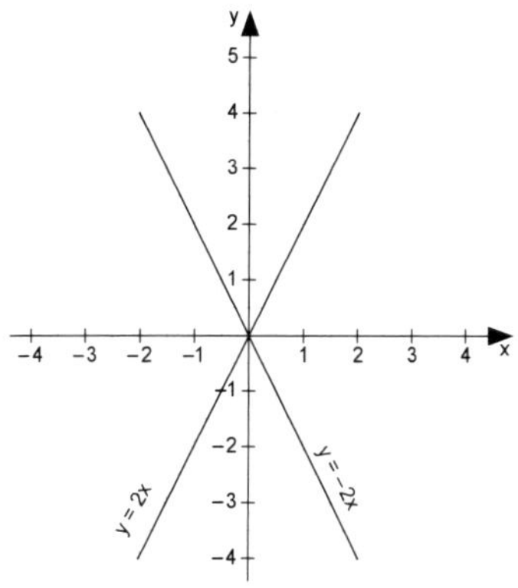


Funktionsgleichung:
$y = 2x$

Wertetabelle:

| x | y |
|---|---|
| 2 | 4 |
| 1 | 2 |
| 0 | 0 |
| −1 | −2 |
| −2 | −4 |

Funktionsgleichung:
$y = -2x$

Wertetabelle:

| x | y |
|---|---|
| −2 | 4 |
| −1 | 2 |
| 0 | 0 |
| 1 | −2 |
| 2 | −4 |

b)

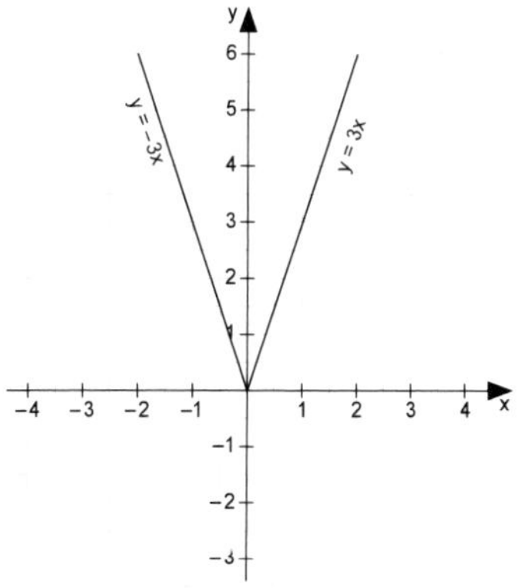


Funktionsgleichung:
$y = 3x$

Wertetabelle:

| x | y |
|---|---|
| 0 | 0 |
| 1 | 3 |
| 2 | 6 |

Funktionsgleichung:
$y = -3x$

Wertetabelle:

| x | y |
|---|---|
| 0 | 0 |
| −1 | 3 |
| −2 | 6 |

**Aufgabe 1:** c)

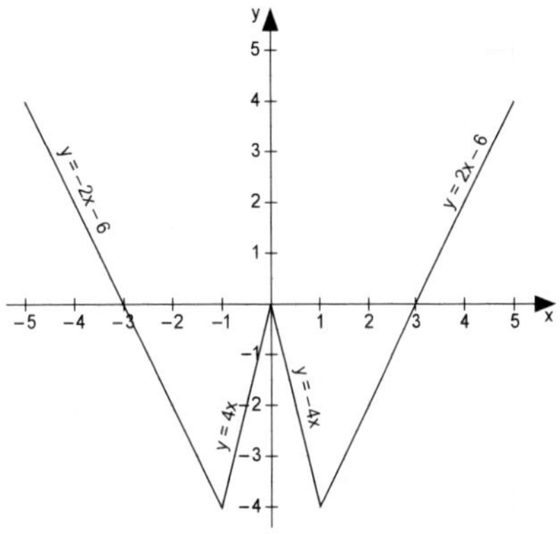


Funktionsgleichung:
y = −2x − 6

Wertetabelle:

| x | y |
|---|---|
| −1 | −4 |
| −2 | −2 |
| −3 | 0 |
| −4 | 2 |
| −5 | 4 |

Funktionsgleichung:
y = 2x − 6

Wertetabelle:

| x | y |
|---|---|
| 1 | −4 |
| 2 | −2 |
| 3 | 0 |
| 4 | 2 |
| 5 | 4 |

Funktionsgleichung:
y = 4x

Wertetabelle:

| x | y |
|---|---|
| −1 | −4 |
| 0 | 0 |

Funktionsgleichung:
y = −4x

Wertetabelle:

| x | y |
|---|---|
| 1 | −4 |
| 0 | 0 |

d)

## Seite 22

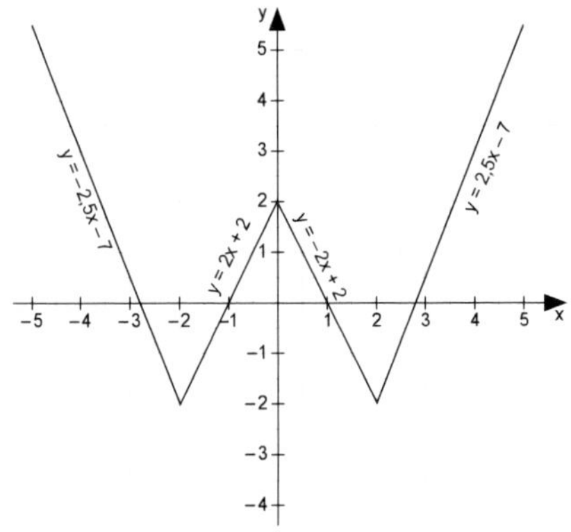


Funktionsgleichung:
y = −2,5x − 7

Wertetabelle:

| x | y |
|---|---|
| −2 | −2 |
| −3 | 0,5 |
| −4 | 3 |
| −5 | 5,5 |

Funktionsgleichung:
y = 2,5x − 7

Wertetabelle:

| x | y |
|---|---|
| 2 | −2 |
| 3 | 0,5 |
| 4 | 3 |
| 5 | 5,5 |

Funktionsgleichung:
y = 2x + 2

Wertetabelle:

| x | y |
|---|---|
| −2 | −2 |
| −1 | 0 |
| 0 | 2 |

Funktionsgleichung:
y = −2x + 2

Wertetabelle:

| x | y |
|---|---|
| 2 | −2 |
| 1 | 0 |
| 0 | 2 |

# Lineare Funktionen (Bestimmen von Funktionsgleichungen bei Vierecken)

**Aufgabe 1:** a)

Wertetabelle:

| x | y |
|---|---|
| 0 | 4 |
| −1 | 3 |
| −2 | 2 |
| −3 | 1 |
| −4 | 0 |

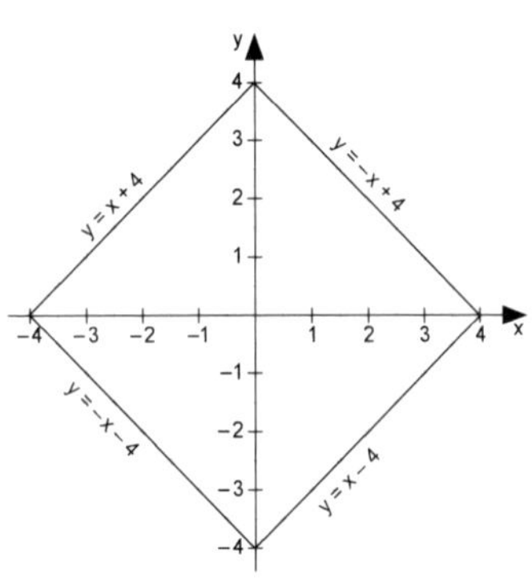


Wertetabelle:

| x | y |
|---|---|
| 0 | 4 |
| 1 | 3 |
| 2 | 2 |
| 3 | 1 |
| 4 | 0 |

Wertetabelle:

| x | y |
|---|---|
| 0 | −4 |
| −1 | −3 |
| −2 | −2 |
| −1 | −1 |
| −4 | 0 |

Wertetabelle:

| x | y |
|---|---|
| 0 | −4 |
| 1 | −3 |
| 2 | −2 |
| 3 | −1 |
| 4 | 0 |

b)

## Seite 23

Wertetabelle:

| x | y |
|---|---|
| 0 | 3 |
| −1 | 2 |
| −2 | 1 |
| −3 | 0 |

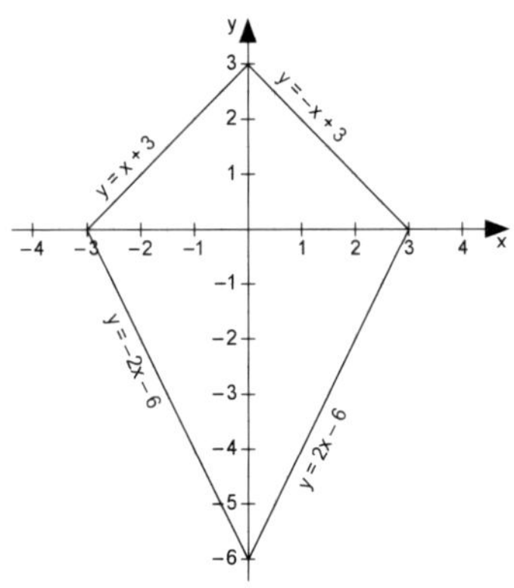


Wertetabelle:

| x | y |
|---|---|
| 0 | 3 |
| 1 | 2 |
| 2 | 1 |
| 3 | 0 |

Wertetabelle:

| x | y |
|---|---|
| 0 | −6 |
| −1 | −4 |
| −2 | −2 |
| −3 | 0 |

Wertetabelle:

| x | y |
|---|---|
| 0 | −6 |
| 1 | −4 |
| 2 | −2 |
| 3 | 0 |

**Aufgabe 1:** c)



Wertetabelle:

| x | y |
|---|---|
| 0 | 7,5 |
| –1 | 6 |
| –2 | 4,5 |
| –3 | 3 |
| –4 | 1,5 |
| –5 | 0 |

Wertetabelle:

| x | y |
|---|---|
| 0 | 7,5 |
| 1 | 6 |
| 2 | 4,5 |
| 3 | 3 |
| 4 | 1,5 |
| 5 | 0 |

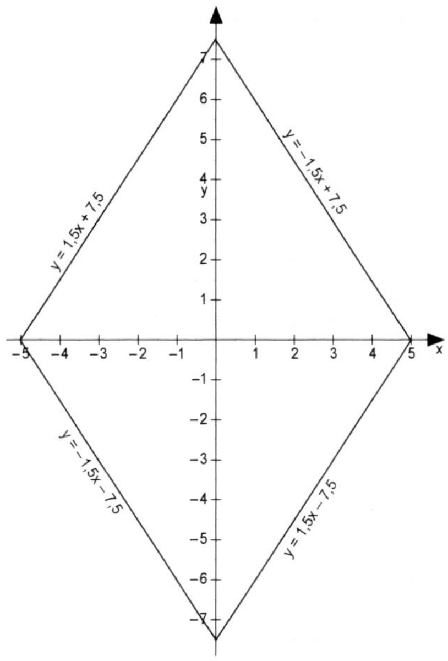


Wertetabelle:

| x | y |
|---|---|
| 0 | –7,5 |
| –1 | –6 |
| –2 | –4,5 |
| –3 | –3 |
| –4 | –1,5 |
| –5 | 0 |

Wertetabelle:

| x | y |
|---|---|
| 0 | –7,5 |
| 1 | –6 |
| 2 | –4,5 |
| 3 | –3 |
| 4 | –1,5 |
| 5 | 0 |

**d**)

Wertetabelle:

| x | y |
|---|---|
| 0 | 4 |
| –1 | 3,5 |
| –2 | 3 |
| –3 | 2,5 |
| –4 | 2 |

Wertetabelle:

| x | y |
|---|---|
| 0 | 4 |
| 1 | 3,5 |
| 2 | 3 |
| 3 | 2,5 |
| 4 | 2 |

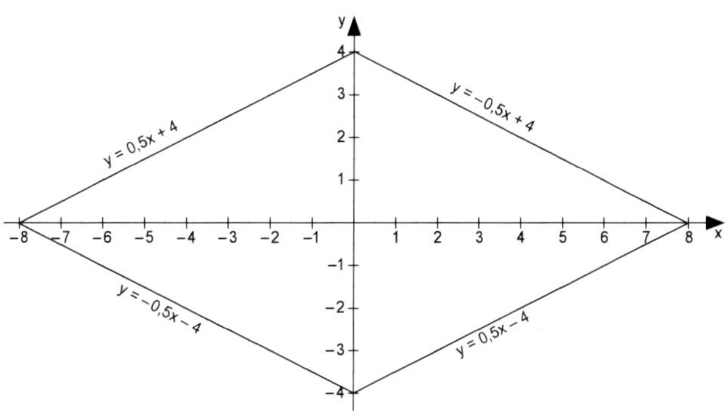


Wertetabelle:

| x | y |
|---|---|
| 0 | –4 |
| –1 | –3,5 |
| –2 | –3 |
| –3 | –2,5 |
| –4 | –2 |

Wertetabelle:

| x | y |
|---|---|
| 0 | –4 |
| 1 | –3,5 |
| 2 | –3 |
| 3 | –2,5 |
| 4 | –2 |

## Lineare Funktionen (Nullstellen)



**Aufgabe 1:** a)

$y = 2x + 2$

$0 = 2x + 2$ | Seitentausch

$2x + 2 = 0$ | – 2

$2x = –2$ | : 2

$x = –1$

Wertetabelle:

| x | y |
|---|---|
| 0 | 2 |
| 1 | 4 |
| 2 | 6 |
| –1 | 0 |
| –2 | –2 |

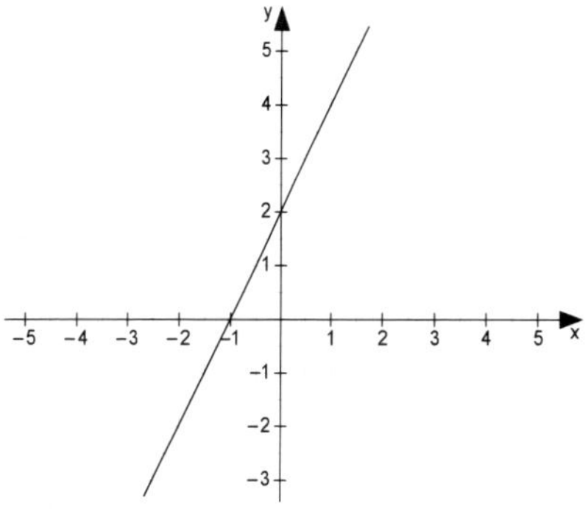

**Aufgabe 1:** b)

$y = 3x - 6$
$0 = 3x - 6$ | Seitentausch
$3x - 6 = 0$ | + 6
$3x = 6$ | : 3
$x = 2$

Wertetabelle:

| x | y |
|---|---|
| 0 | −6 |
| 1 | −3 |
| 2 | 0 |
| 3 | 3 |
| 4 | 6 |

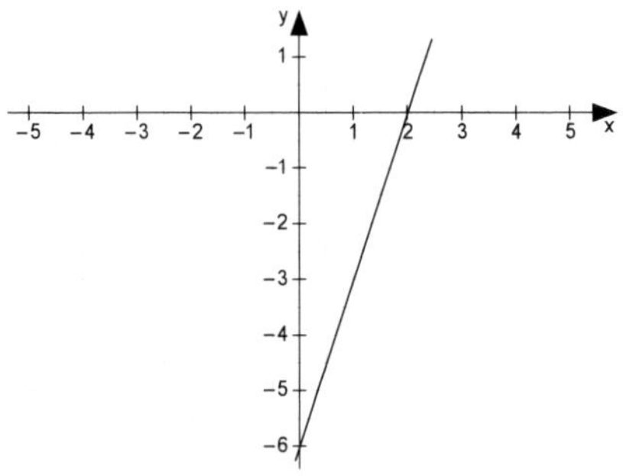

**Seite 26**

c)

$y = 1{,}5x - 4{,}5$
$0 = 1{,}5x - 4{,}5$ | Seitentausch
$1{,}5x - 4{,}5 = 0$ | + 4,5
$1{,}5x = 4{,}5$ | : 1,5
$x = 3$

Wertetabelle:

| x | y |
|---|---|
| 0 | −4,5 |
| 1 | −3 |
| 2 | −1,5 |
| 3 | 0 |
| 4 | 1,5 |

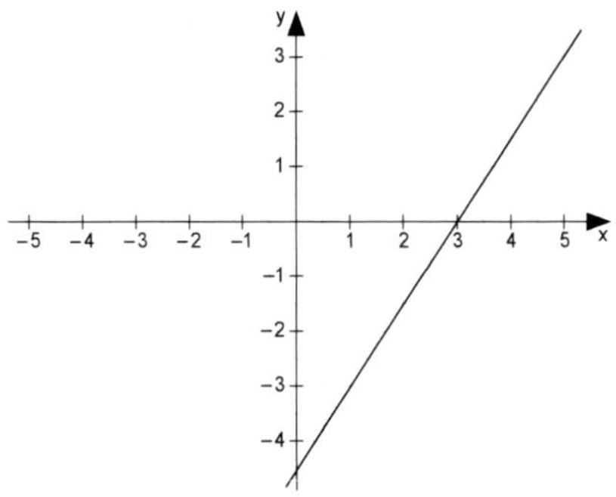

d)

$y = -0{,}5x + 3$
$0 = -0{,}5x + 3$ | Seitentausch
$-0{,}5x + 3 = 0$ | − 3
$-0{,}5x = -3$ | : (−0,5)
$x = 6$

Wertetabelle:

| x | y |
|---|---|
| 0 | 3 |
| 1 | 2,5 |
| 2 | 2 |
| 3 | 1,5 |
| 4 | 1 |

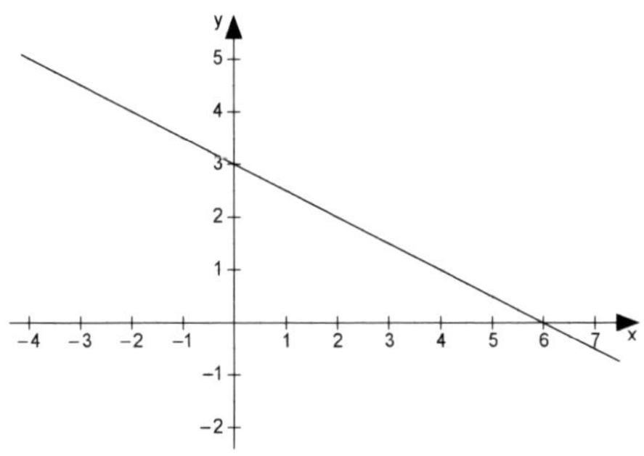

## Nullstellen-Puzzle

**Aufgabe 1:** a) x = 5; b) x = 1; c) x = 2; d) x = −4; e) x = −2; f) x = 3; g) x = 4; h) x = −3; i) x = 6; j) x = −1

**Seite 27**

## „Stadt– Land – Fluss … mal anders" – diesmal mit Funktionsgleichungen

**Seite 20**

| Funktions-gleichungen | x = 0 | x = 1 | x = 2 | x = 0,5 | x = −1 | x = −2 | x = −2,5 | Nullstellen | Punkte |
|---|---|---|---|---|---|---|---|---|---|
| y = 3x | y = 0 | y = 3 | y = 6 | y = 1,5 | y = −3 | y = −6 | y = −7,5 | x = 0 | |
| y = x + 3 | y = 3 | y = 4 | y = 5 | y = 3,5 | y = 2 | y = 1 | y = 0,5 | x = −3 | |
| y = −x + 2 | y = 2 | y = 1 | y = 0 | y = 1,5 | y = 3 | y = 4 | y = 4,5 | x = 2 | |
| y = 2x + 4 | y = 4 | y = 6 | y = 8 | y = 5 | y = 2 | y = 0 | y = −1 | x = −2 | |
| y = 4x − 2 | y = −2 | y = 2 | y = 6 | y = 0 | y = −6 | y = −10 | y = −12 | x = 0,5 | |
| y = −3x + 6 | y = 6 | y = 3 | y = 0 | y = 4,5 | y = 9 | y = 12 | y = 13,5 | x = 2 | |
| y = 1,5x − 4,5 | y = −4,5 | y = −3 | y = −1,5 | y = −3,75 | y = −6 | y = −7,5 | y = −8,25 | x = 3 | |
| y = −2,5x + 5 | y = 5 | y = 2,5 | y = 0 | y = 3,75 | y = 7,5 | y = 10 | y = 11,25 | x = 2 | |
| y = 0,25x + 1,5 | y = 1,5 | y = 1,75 | y = 2 | y = 1,625 | y = 1,25 | y = 1 | y = 0,875 | x = −6 | |
| $y = 4\frac{1}{4}x - 8\frac{1}{2}$ | y = −8,5 | y = −4,25 | y = 0 | y = −6,375 | y = −12,75 | y = −17 | y = −19,125 | x = 2 | |
| Spielername(n): | | | | Gesamtzahl der erzielten Punkte: | | | | | |

## Lineare Funktionen (Benennen von Funktionsgleichungen)

**Seite 33**

**Aufgabe 1: a)** P (2 / 6) und Q (0 / 4)

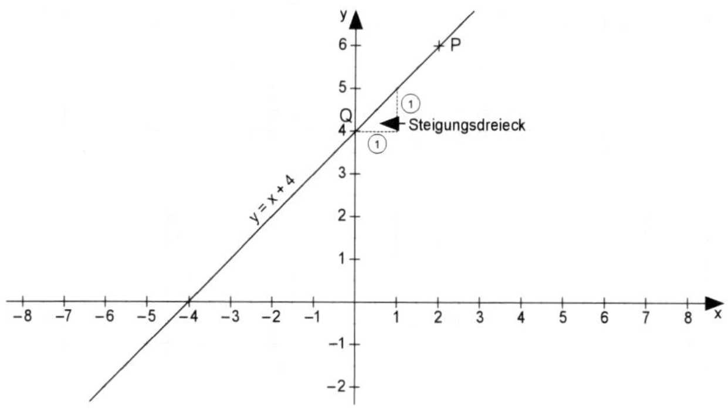


Berechnung der Steigung m:

$m = \frac{y_P - y_Q}{x_P - x_Q}$

$m = \frac{6 - 4}{2 - 0}$

$m = \frac{2}{2}$

$m = 1$

Berechnung von n:

$y = mx + n$

$y_P = m \cdot x_P + n$

$6 = 1 \cdot 2 + n$

$6 = 2 + n$ | Seitentausch

$n + 2 = 6$ | −2

$n = 4$

**b)** P (3 / −3,5) und Q (−2 / −1)

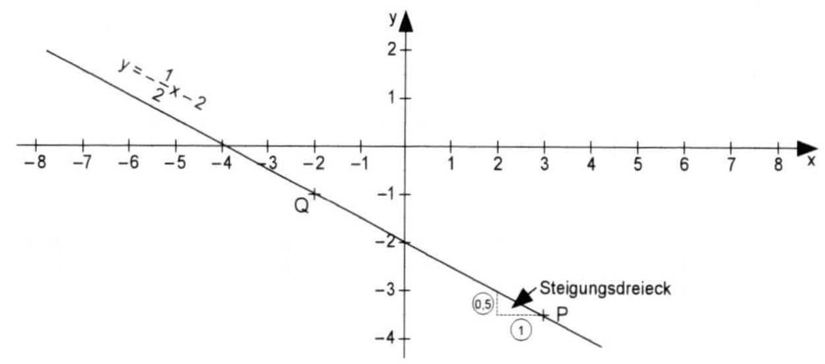


Berechnung der Steigung m:

$m = \frac{y_P - y_Q}{x_P - x_Q}$

$m = \frac{-3{,}5 - (-1)}{3 - (-2)}$

$m = \frac{-2{,}5}{5}$

$m = -0{,}5$

Berechnung von n:

$y = mx + n$

$y_P = m \cdot x_P + n$

$-3{,}5 = -0{,}5 \cdot 3 + n$

$-3{,}5 = -1{,}5 + n$ | Seitentausch

$n - 1{,}5 = -3{,}5$ | +1,5

$n = -2$

## Lineare Funktionen (Übungen zum Zeichnen und Benennen von Funktionsgleichungen anhand von 2 Punkten)

**Seite 36**

**Aufgabe 1: a)**

Steigung m:

$m = \frac{y_P - y_Q}{x_P - x_Q}$

$m = \frac{6 - 2}{4 - 0}$

$m = \frac{4}{4}$

$m = 1$

Berechnung von n:

$y = mx + n$

$y_P = m \cdot x_P + n$

$6 = 1 \cdot 4 + n$ | −4

$2 = n$

$n = 2$

$y = x + 2$

Wertetabelle:

| x | y |
|---|---|
| 0 | 2 |
| 1 | 3 |
| 2 | 4 |
| 3 | 5 |
| 4 | 6 |

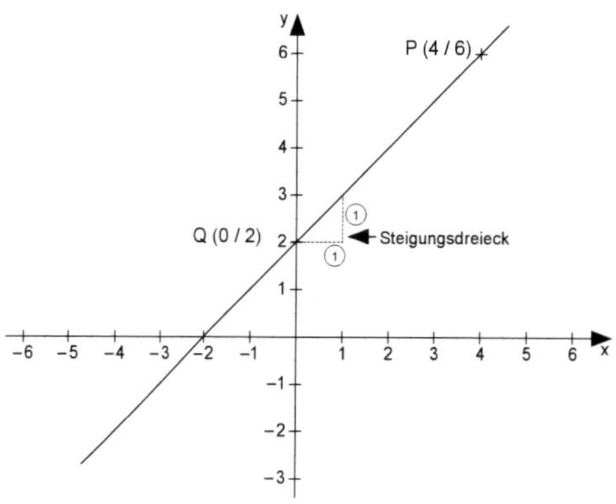


**b)**

Steigung m:

$m = \frac{y_P - y_Q}{x_P - x_Q}$

$m = \frac{5 - (-4)}{-2 - 1}$

$m = -\frac{9}{3}$

$m = -3$

Berechnung von n:

$y = mx + n$

$y_P = m \cdot x_P + n$

$5 = -3 \cdot (-2) + n$

$5 = 6 + n$ | Seitentausch

$n + 6 = 5$ | −6

$n = -1$

Wertetabelle:

| x | y |
|---|---|
| 1 | −4 |
| 0 | −1 |
| −1 | 2 |
| −2 | 5 |

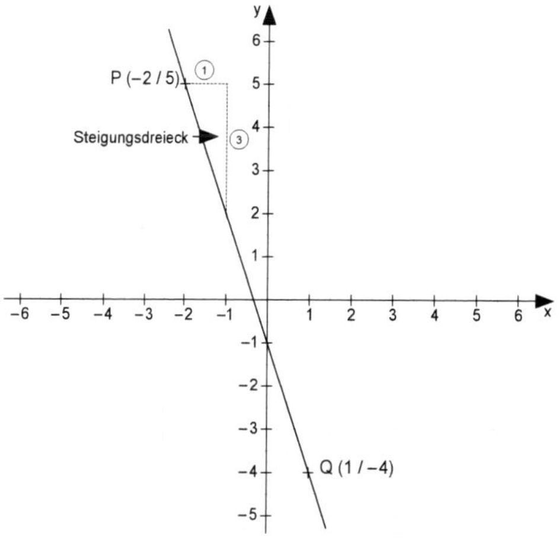


KOHL VERLAG
Lineare Funktionen
Kopiervorlagen – Bestell-Nr. 11 536

**Aufgabe 1:** c) **Seite 37**

Steigung m:

$m = \dfrac{y_P - y_Q}{x_P - x_Q}$

$m = \dfrac{2{,}5 - (-5)}{1 - 4}$

$m = \dfrac{7{,}5}{-3}$

$m = -\,2{,}5$

Berechnung von n:

$y = mx + n$

$y_P = m \cdot x_P + n$

$2{,}5 = -2{,}5 \cdot 1 + n$

$2{,}5 = -2{,}5 + n \quad | + 2{,}5$

$5 = n$

$n = 5$

$y = -2{,}5x + 5$

Wertetabelle:

| x | y |
|---|---|
| 1 | 2,5 |
| 2 | 0 |
| 3 | –2,5 |
| 4 | –5 |

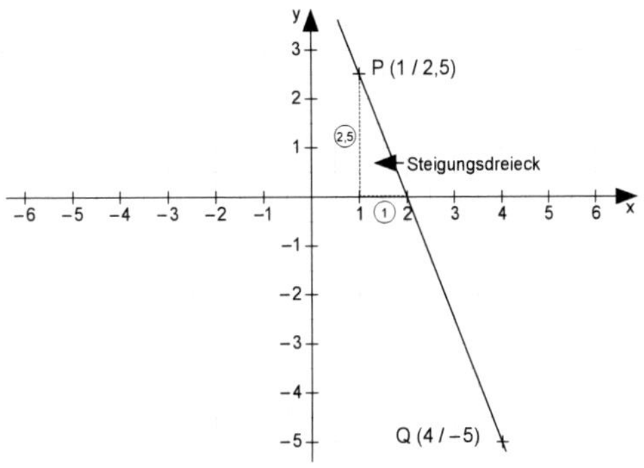


**d)**

Steigung m:

$m = \dfrac{y_P - y_Q}{x_P - x_Q}$

$m = \dfrac{-1{,}5 - (-4)}{6 - (-4)}$

$m = \dfrac{-1{,}5 + 4}{6 + 4}$

$m = \dfrac{2{,}5}{10}$

$m = 0{,}25$

Berechnung von n:

$y = mx + n$

$y_P = m \cdot x_P + n$

$-1{,}5 = 0{,}25 \cdot 6 + n$

$-1{,}5 = 1{,}5 + n \quad | -1{,}5$

$-3 = n \quad |$ Seitentausch

$n = -3$

$y = 0{,}25x - 3$

Wertetabelle:

| x | y |
|---|---|
| 1 | –2,75 |
| 4 | –2 |
| 6 | –1,5 |
| –4 | –4 |

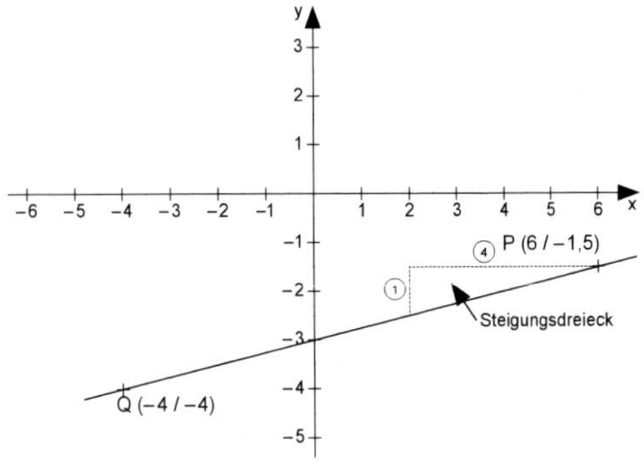


## Lineare Funktionen (Bestimmung der Schnittpunkte)

**Aufgabe 1:** **Seite 39**

a)

Berechnung des Schnittpunktes: Gleichsetzung

$2x - 4 = -2x + 8 \quad | + 2x$

$4x - 4 = 8 \quad | + 4$

$4x = 12 \quad | : 4$

$x = 3$

$x = 3$ in $y = 2x - 4$ eingesetzt:

$y = 2 \cdot 3 - 4$

$y = 6 - 4$

$y = 2$

S (3 / 2)

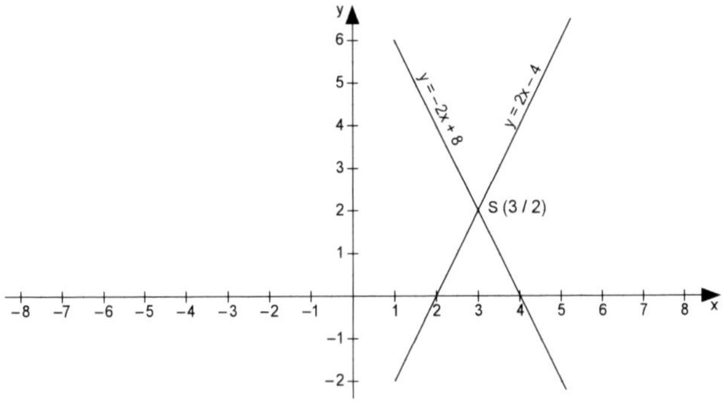


b)

Berechnung des Schnittpunktes: Gleichsetzung

$0{,}5x + 4{,}5 = -3x + 1 \quad | + 3x$

$3{,}5x + 4{,}5 = 1 \quad | - 4{,}5$

$3{,}5x = -3{,}5 \quad | : 3{,}5$

$x = -1$

$x = -1$ in $y = 0{,}5x + 4{,}5$ eingesetzt:

$y = 0{,}5 \cdot (-1) + 4{,}5$

$y = -0{,}5 + 4{,}5$

$y = 4$

S (–1 / 4)

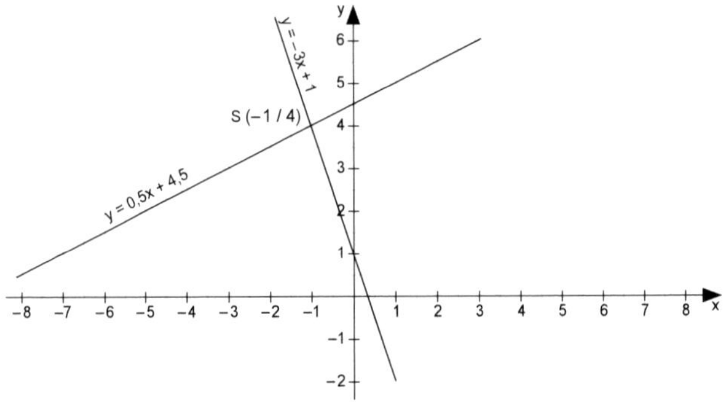

# Lineare Funktionen (Übungen zu Graphen, Wertetabellen, Nullstellen und Schnittpunkten)

**Seite 40**

**Aufgabe 1:** a) + b)

$y = 2x - 5$

Wertetabelle:

| x | y |
|---|---|
| 1 | −3 |
| 2 | −1 |
| 3 | 1 |
| 4 | 3 |
| 5 | 5 |

$y = -x + 7$

Wertetabelle:

| x | y |
|---|---|
| 1 | 6 |
| 2 | 5 |
| 3 | 4 |
| 4 | 3 |
| 5 | 2 |

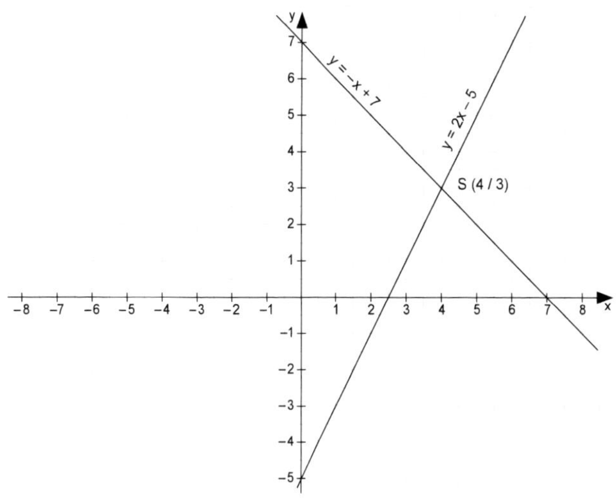


Berechnung der Nullstelle:

$y = 2x - 5$

$0 = 2x - 5 \quad |$ Seitentausch

$2x - 5 = 0 \quad | + 5$

$2x = 5 \quad | : 2$

$x = 2,5$

Berechnung der Nullstelle:

$y = -x + 7$

$0 = -x + 7 \quad | + 7$

$x = 7$

Berechnung des Schnittpunktes:

Gleichsetzung

$2x - 5 = -x + 7 \quad | + x$

$3x - 5 = 7 \quad | + 5$

$3x = 12 \quad | : 3$

$x = 4$

$x = 4$ in $y = 2x - 5$

eingesetzt:

$y = 2 \cdot 4 - 5$

$y = 8 - 5$

$y = 3$

Schnittpunkt S (4 / 3)

**Seite 41**

**Aufgabe 2:** a) + b)

$y = -4x - 6$

Wertetabelle:

| x | y |
|---|---|
| 0 | −6 |
| −1 | −2 |
| −2 | 2 |
| 3 | 6 |
| 1 | 10 |

$y = \frac{1}{2}x - 1,5$

Wertetabelle:

| x | y |
|---|---|
| 1 | −1 |
| 2 | −0,5 |
| 0 | −1,5 |
| −1 | −2 |
| −2 | −2,5 |

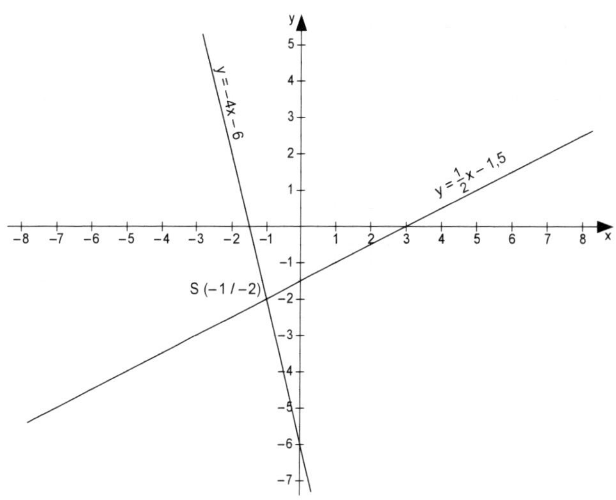


Berechnung der Nullstelle:

$y = -4x - 6$

$0 = -4x - 6 \quad | + 4x$

$4x = -6 \quad | : 4$

$x = -1,5$

Berechnung der Nullstelle:

$y = \frac{1}{2}x - 1,5$

$0 = \frac{1}{2}x - 1,5 \quad | + 1,5$

$1,5 = 0,5x \quad |$ Seitentausch

$0,5x = 1,5 \quad | \cdot 2$

$x = 3$

Berechnung des Schnittpunktes:

Gleichsetzung

$\frac{1}{2}x - 1,5 = -4x - 6 \quad | + 4x$

$4,5x - 1,5 = -6 \quad | + 1,5$

$4,5x = -4,5 \quad | : 4,5$

$x = -1$

$x = -1$ in $y = \frac{1}{2}x - 1,5$

eingesetzt:

$y = 0,5 \cdot (-1) - 1,5$

$y = -0,5 - 1,5$

$y = -2$

Schnittpunkt S (−1 / −2)

Lineare Funktionen
Kopiervorlagen – Bestell-Nr. 11 536
KOHL VERLAG

## Lineare Funktionen (Textaufgaben)

**Seite 42**

**Aufgabe 1**: a) 1 Euro = 1,3 US-Dollar   250 · 1,3 = 325 US-Dollar

b)

Wertetabelle:

| x | y |
|---|---|
| 50 | 65 |
| 150 | 195 |
| 250 | 325 |
| 350 | 455 |
| 450 | 585 |

c)

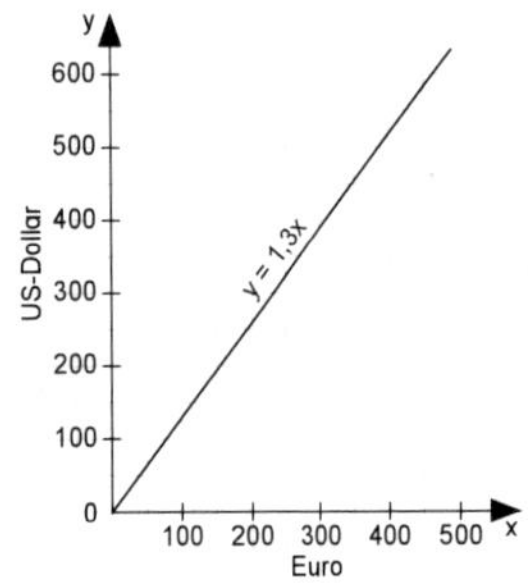


**Aufgabe 2**: a) $\frac{15 \text{ Min.}}{4 \text{ km}} = \frac{x}{16} = \frac{15 \cdot 16}{4}$ = 60 Min. (= 1 Std.)

b)

Wertetabelle:

| x | y |
|---|---|
| 12 | 0,75 (= 45 Min.) |
| 16 | 1 (= 60 Min.) |
| 20 | 1,25 (= 75 Min.) |
| 24 | 1,5 (= 90 Min.) |
| 28 | 1,75 (= 105 Min.) |

c)

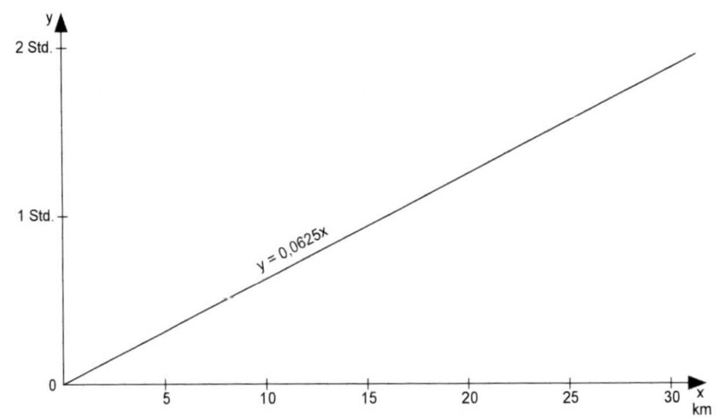


**Aufgabe 3**: a) 75 · 8 = 600 Euro   b) 496 : 8 = 62 m²

**Seite 43**

c)

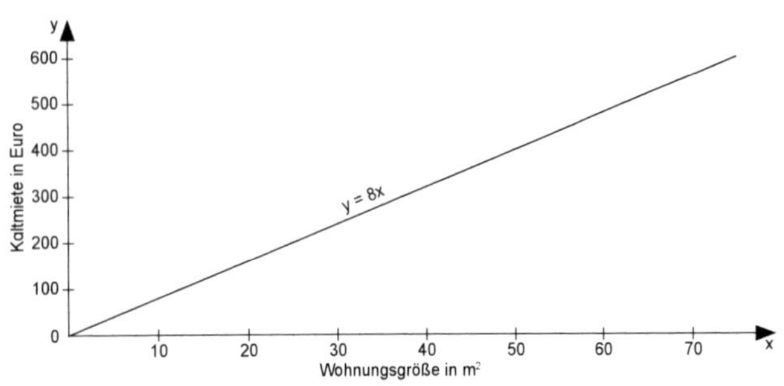


**Aufgabe 4**: a) 621 : 135 = 4,6 Euro/m³

150 · 4,6 = 690 Euro

b) 552 : 4,6 = 120 m³

c) y = 4,6x

d)

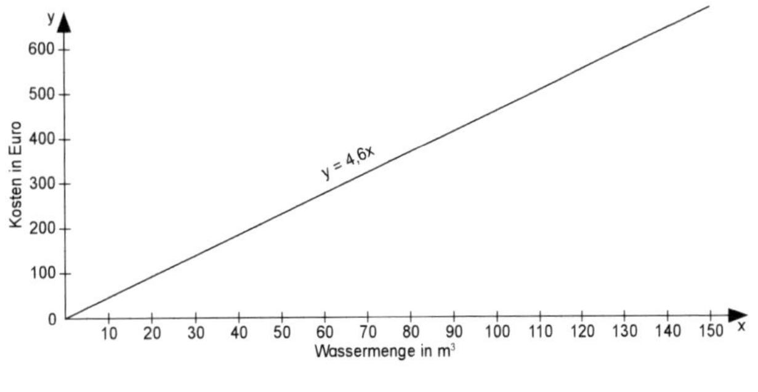


**Seite 44**

**Aufgabe 1**: b)   c) 850 Euro

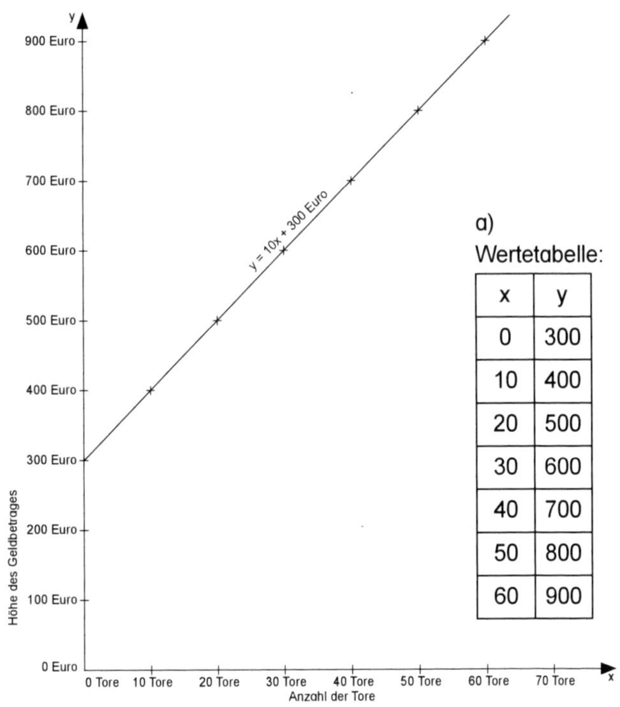


a)

Wertetabelle:

| x | y |
|---|---|
| 0 | 300 |
| 10 | 400 |
| 20 | 500 |
| 30 | 600 |
| 40 | 700 |
| 50 | 800 |
| 60 | 900 |

## Seite 45

**Aufgabe 2:** a) Wertetabelle:

| x | y |
|---|---|
| 0 | 52 |
| 200 | 39 |
| 500 | 19,5 |
| 700 | 6,5 |

b)

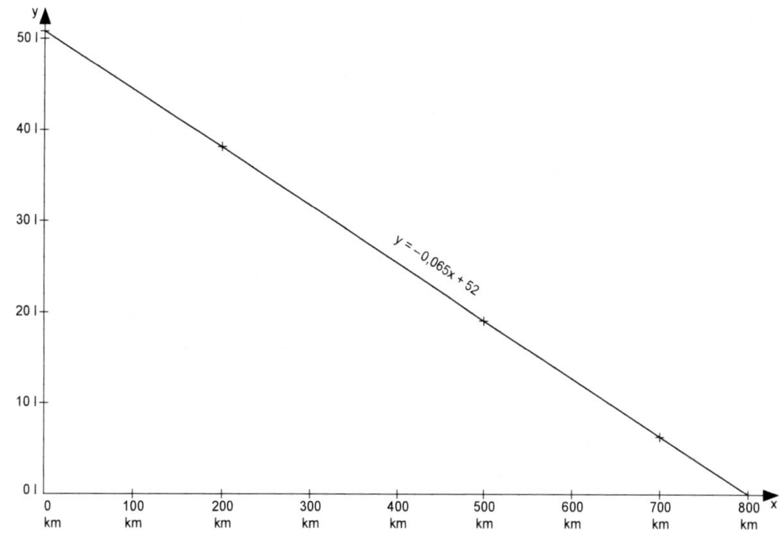


c) 32,5 Liter

d) nach 800 km

## Seite 46

**Aufgabe 1:** a)

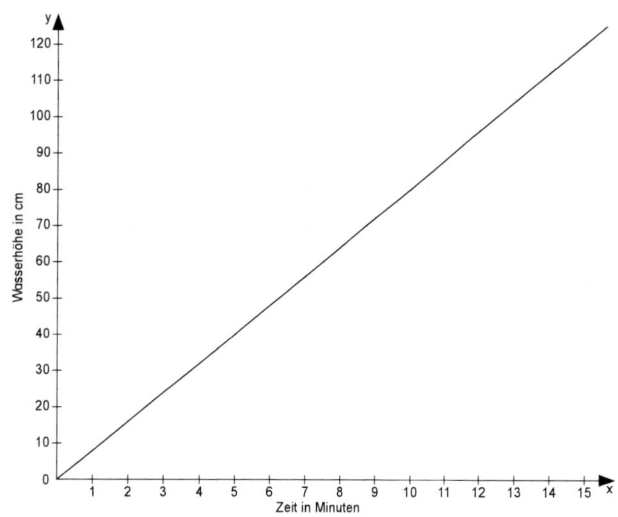


b) nach 5 Minuten
c) nach 12,5 Minuten
d) nach 15 Minuten
e) $y = 8x$

## Seite 47

**Aufgabe 2:** a)

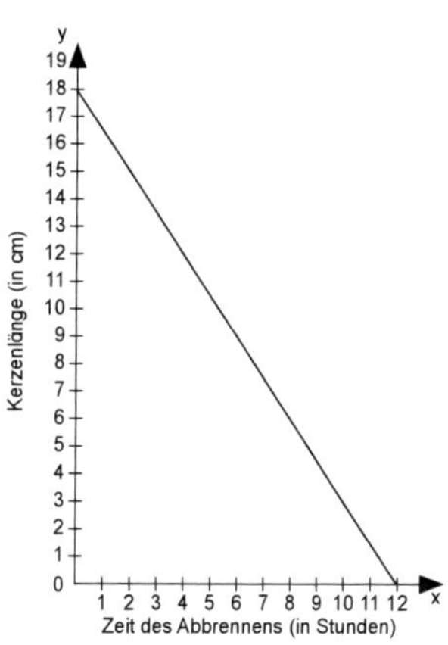


b) 10,5 cm
c) nach 8 Stunden
d) nach 12 Stunden
e) $y = -1,5x + 18$

**Aufgabe 3:** a)
$y = 1,8 \cdot 5 + 32$
$y = 9 + 32$
$y = 41$ 5 ° Celsius = 41 ° Fahrenheit

b)
$y = 1,8 \cdot 28 + 32$
$y = 50,4 + 32$
$y = 82,4$ 28 ° Celsius = 82,4 ° Fahrenheit

c)
$y = 1,8x + 32 \quad | -32$
$y - 32 = 1,8x \quad |$ Seitentausch
$1,8x = y - 32 \quad | : 1,8$
$x = \frac{y - 32}{1,8}$

$x = \frac{50 - 32}{1,8}$
$x = \frac{18}{1,8}$
$x = 10$

50 ° Fahrenheit = 10 ° Celsius

d)
$x = \frac{y - 32}{1,8}$
$x = \frac{32 - 32}{1,8}$
$x = \frac{0}{1,8}$
$x = 0$

32 ° Fahrenheit = 0 ° Celsius

## Lineare Funktionen (Textaufgaben)

**Aufgabe 1**: a)

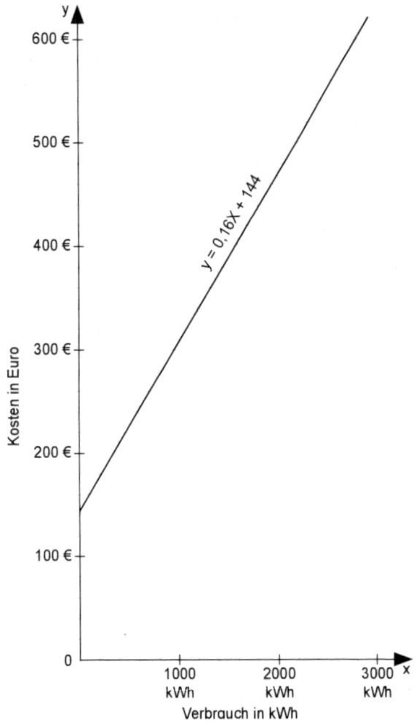


**Seite 48**

b) Je km sind 0,16 Euro zu zahlen – deshalb 0,16 · x; pro Monat ist ein Grundpreis von 12 Euro zu leisten, das ergibt 144 Euro im Jahr → deshalb + 144

c) $y = 0{,}16x + 144$
$y = 0{,}16 \cdot 2500 + 144$
$y = 400 + 144$
$y = 544$
Der Nutzer muss 544 Euro bezahlen.

d) $y = 0{,}16x + 144$
$600 = 0{,}16x + 144$ | –144
$456 = 0{,}16x$ | Seitentausch
$0{,}16x = 456$ | : 0,16
$x = 2850$
Der Kunde hat 2850 kWh verbraucht.

**Aufgabe 2**: d)

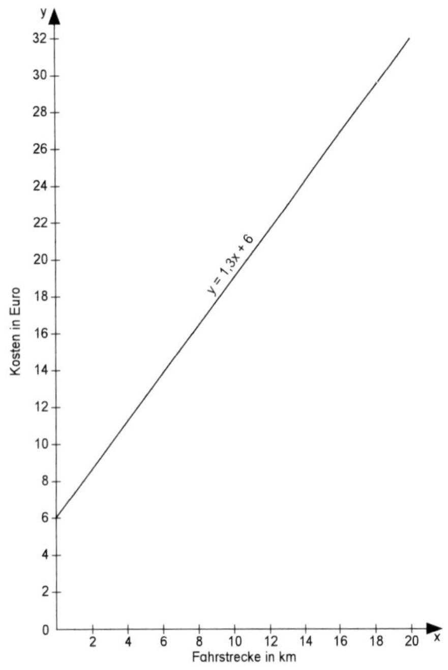


**Seite 49**

a) 14 km · 1,30 Euro = 18,20 Euro
+ 6,00 Euro (Grundgebühr)
24,20 Euro
Der Fahrgast muss 24,20 Euro bezahlen!

b) 32,20 Euro
– 6,00 Euro (Grundgebühr)
26,00 Euro
26 : 1,3 = 20 km
Die Fahrstrecke war demnach 20 km lang.

c) $y = 1{,}3x + 6$

## Lineare Funktionen (Textaufgaben)

**Aufgabe 1:** a) $40 \cdot \frac{15}{60} + 80 \cdot \frac{15}{60} = 40 : 4 = 10 + 20 = 30$ km

b) $10$ km $+ 80 \cdot \frac{45}{60}$ km

$10$ km $+ 80 \cdot \frac{3}{4}$ km $= 10$ km $+ 60$ km $= 70$ km

c)

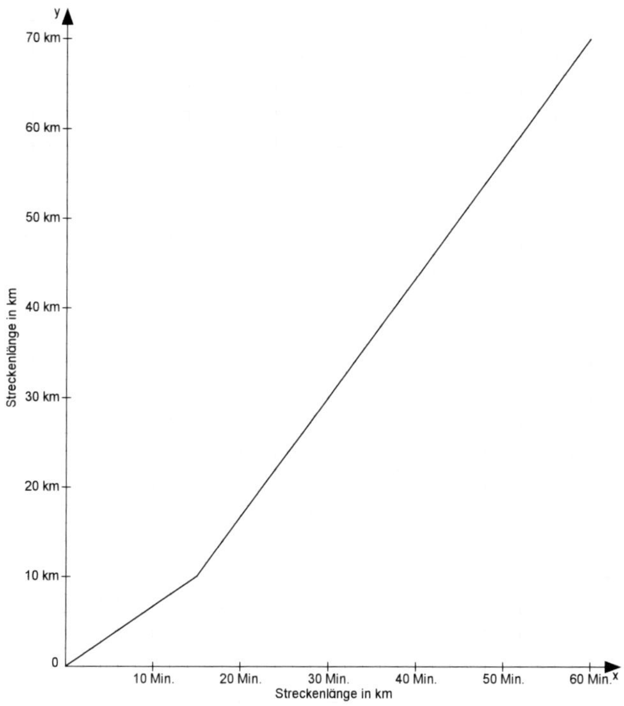


**Aufgabe 2:** a) $2 \cdot 3$ Euro $= 6$ Euro

**Seite 50 + 51**

b) $5 \cdot 3$ Euro $+ 3 \cdot 2$ Euro $= 15$ Euro $+ 6$ Euro $= 21$ Euro

c) $5 \cdot 3$ Euro $+ 5 \cdot 2$ Euro $+ 3 \cdot 1{,}50$ Euro $=$

15 Euro + 10 Euro + 4,50 Euro = 29,50 Euro

d)

| Stücke | 5 | 6 | 10 | 11 |
|---|---|---|---|---|
| Kosten | 15 | 17 | 25 | 26,50 |

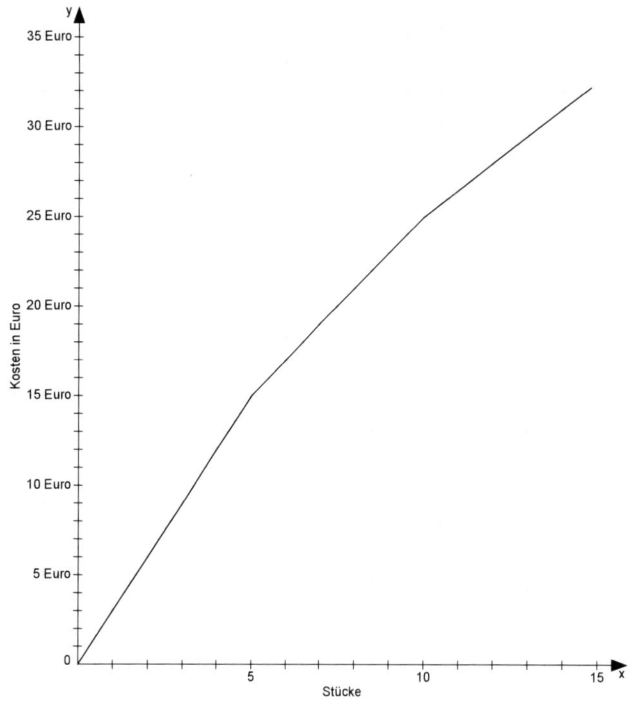


## Lineare Funktionen (Textaufgaben)

**Seite 52**

**Aufgabe 1:** a) Motorradfahrer wird 75 Minuten, nachdem er losgefahren ist, eingeholt – und zwar nach 75 Kilometern.

b) Motorradfahrer $y = x$

Autofahrer $y = 0{,}6x + 30$

Berechnung des Schnittpunktes:
Gleichsetzung

$x = 0{,}6x + 30 \quad | - 0{,}6x$

$0{,}4x = 30 \quad | : 0{,}4$

$x = 75$ (km)

$x = 75$ in $y = x$ eingesetzt:
$y = 75$ (Min.)

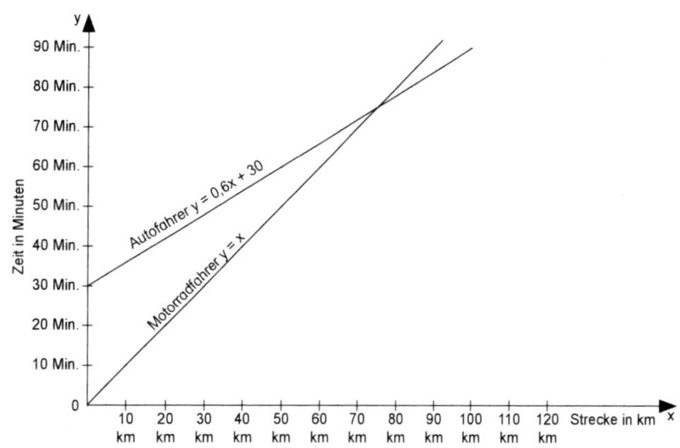


**Seite 53**

**Aufgabe 1:** a) Die Züge begegnen sich, nachdem der Zug A 60 km gefahren ist. Dies sind 45 Minuten, nachdem der Zug A abgefahren ist. Die Begegnung findet um 10.45 Uhr statt.

b) Zug A $y = 0{,}75x$

Zug B $y = -0{,}5x + 75$

Berechnung des Schnittpunktes:
Gleichsetzung

$0{,}75x = -0{,}5x + 75 \quad | + 0{,}5x$

$1{,}25x = 75 \quad | : 1{,}25$

$x = 60$ (km)

$x = 60$ in $y = 0{,}75x$ eingesetzt:
$y = 0{,}75 \cdot 60$
$y = 45$ (Min.)

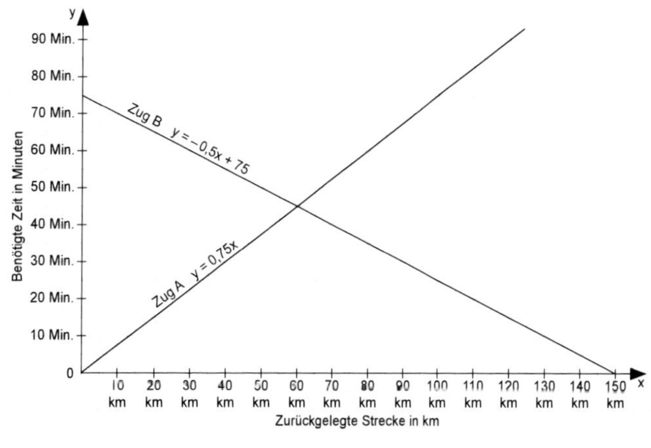

## Vorbereitung auf die Arbeit

**Aufgabe 1 + 2:**

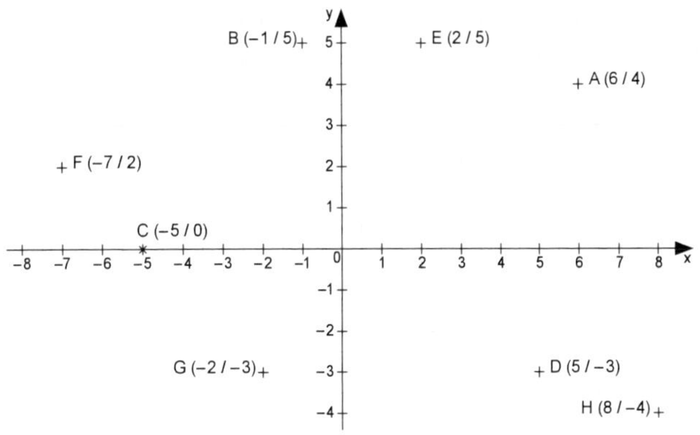


**Seite 54**

**Aufgabe 3:**

Wertetabelle:

| x | 1 | 2 | 0 | −1 | −2 |
|---|---|---|---|---|---|
| y | 4 | 8 | 0 | −4 | −8 |

**Aufgabe 4:**

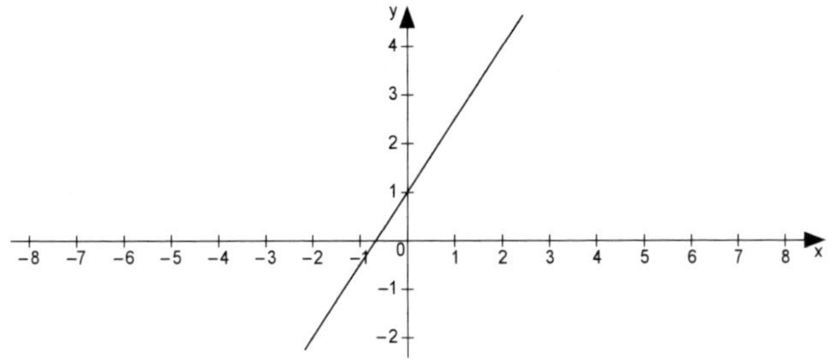

Wertetabelle:

| x | 1 | 2 | 0 | −1 | −2 |
|---|---|---|---|---|---|
| y | 2,5 | 4 | 1 | −0,5 | −2 |

**Aufgabe 5:**

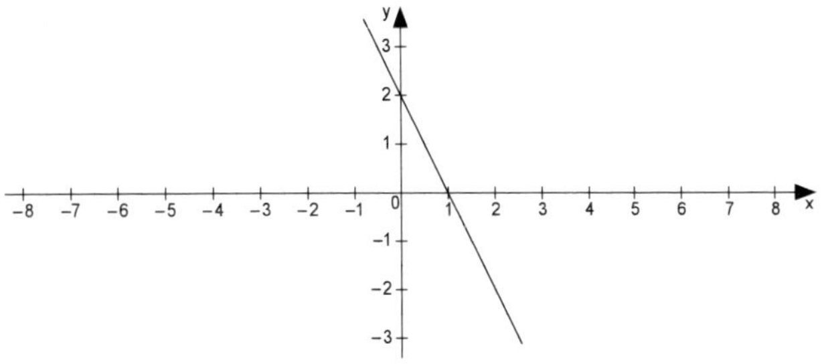

Wertetabelle:

| x | y |
|---|---|
| 1 | 0 |
| 2 | −2 |
| 0 | 2 |
| −1 | 4 |
| −2 | 6 |

**Seite 55**

**Aufgabe 6:**

Die Steigung sagt aus, ob der Graph einen flache(re)n oder steile(re)n Verlauf hat.
Bei der Funktionsgleichung y = 3,5x – 5 beträgt die Steigung 3,5 – der Graph verläuft also relativ steil.

**Aufgabe 7:** y = 2,5x – 1

Wertetabelle:

| x | 2 | 1 | 0 | −1 | −2 |
|---|---|---|---|---|---|
| y | 4 | 1,5 | −1 | −3,5 | −6 |

**Aufgabe 8:**

y = −1,5x

Wertetabelle:

| x | y |
|---|---|
| 2 | −3 |
| 1 | −1,5 |
| 0 | 0 |
| −1 | 1,5 |
| −2 | 3 |

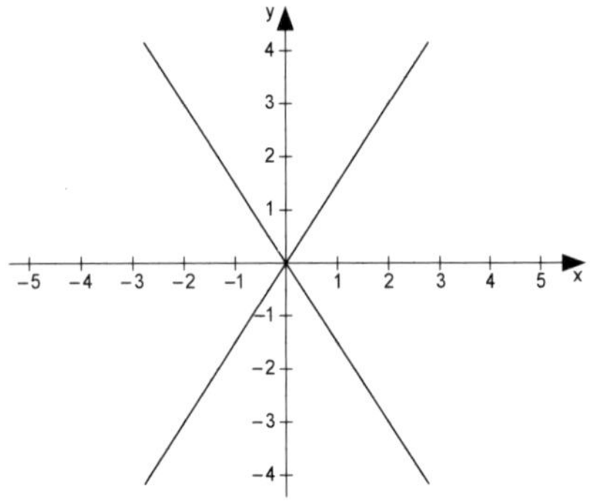

y = 1,5x

Wertetabelle:

| x | y |
|---|---|
| 2 | 3 |
| 1 | 1,5 |
| 0 | 0 |
| −1 | −1,5 |
| −2 | −3 |

**Aufgabe 9:**

Die Nullstelle eines Graphen ist der Punkt, an der der Graph die x-Achse schneidet. Hier beträgt der y-Wert Null (= 0)

**Seite 56**

**Aufgabe 10:**

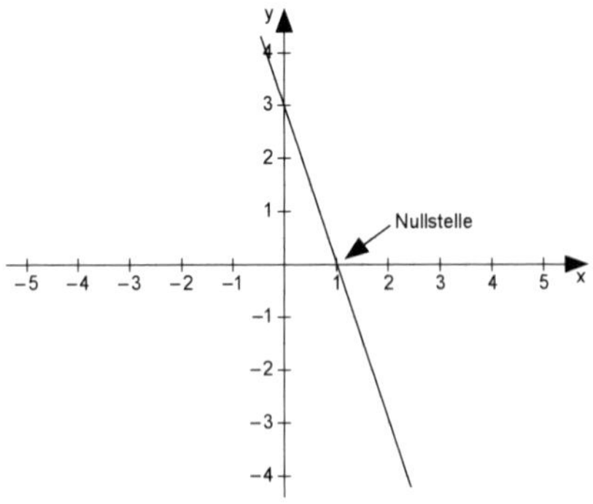


Wertetabelle:

| x | y |
|---|---|
| 1 | 0 |
| 2 | −3 |
| 0 | 3 |
| −1 | 6 |
| −2 | 9 |

Berechnung der Nullstelle:

y = 0
0 = −3x + 3 | + 3x
3x = 3 | : 3
x = 1

# Arbeit I zum Thema: Lineare Funktionen (Gruppe A)

**Aufgabe 1 + 2:**

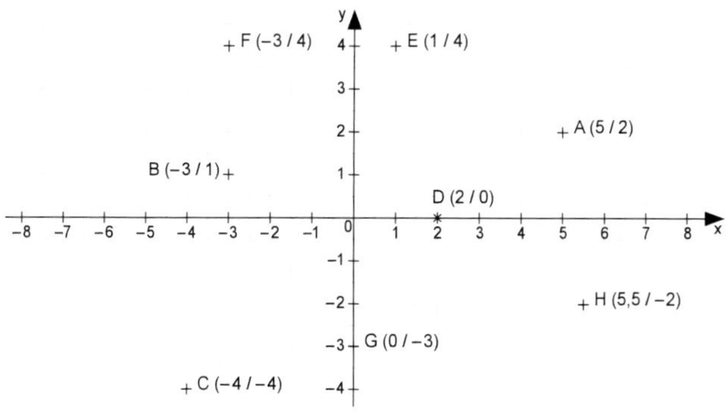


## Seite 57

**Aufgabe 3:**

Wertetabelle:

| x | 1 | 2 | 0 | −1 | −2 |
|---|---|---|---|---|---|
| y | 2 | 4 | 0 | −2 | −4 |

**Aufgabe 4:**

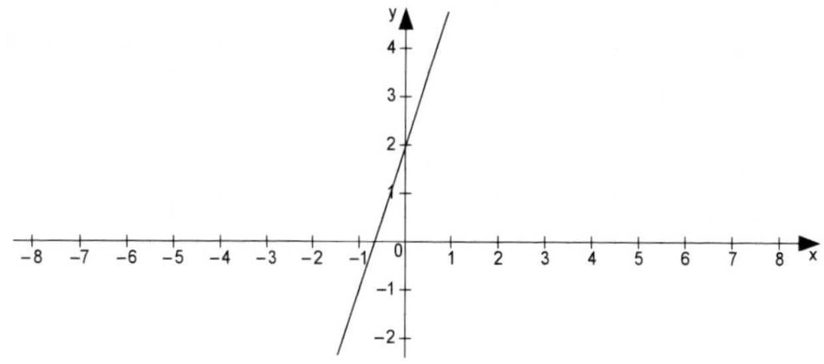

Wertetabelle:

| x | 1 | 2 | 0 | −1 | −2 |
|---|---|---|---|---|---|
| y | 5 | 8 | 2 | −1 | −4 |

**Aufgabe 5:**

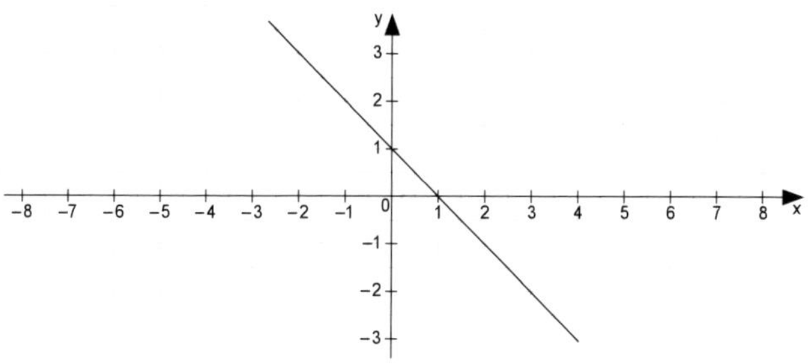

Wertetabelle:

| x | y |
|---|---|
| 1 | 0 |
| 2 | −1 |
| 0 | 1 |
| −1 | 2 |
| −2 | 3 |

## Seite 58

**Aufgabe 6:**

Die Steigung sagt aus, ob der Graph einen flache(re)n oder steile(re)n Verlauf hat.
Bei der Funktionsgleichung y = 1,5x − 3 beträgt die Steigung 1,5.

**Aufgabe 7:**

y = 2x − 2

Wertetabelle:

| x | 4 | 3 | 2 | 1 | 0,5 |
|---|---|---|---|---|---|
| y | 6 | 4 | 2 | 0 | −1 |

**Aufgabe 8:**

y = −4x

Wertetabelle:

| x | y |
|---|---|
| 1 | −4 |
| 0,5 | −2 |
| 0 | 0 |
| −0,5 | 2 |
| −1 | 4 |

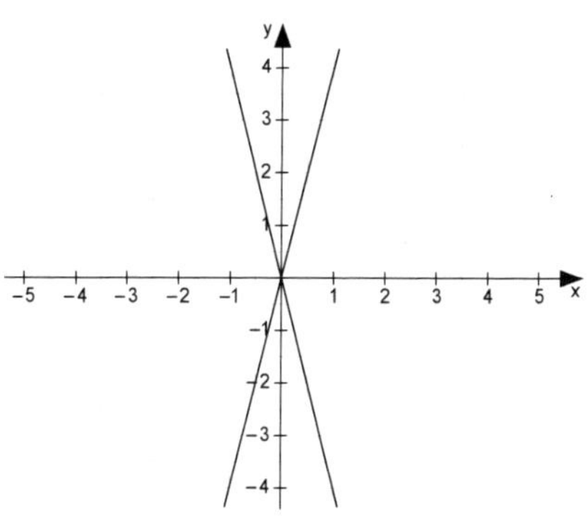

y = 4x

Wertetabelle:

| x | y |
|---|---|
| 1 | 4 |
| 0,5 | 2 |
| 0 | 0 |
| −0,5 | −2 |
| −1 | −4 |

**Aufgabe 9:**

Die Nullstelle eines Graphen ist der Punkt, an der der Graph die x-Achse schneidet. Hier beträgt der y-Wert Null (= 0)

## Seite 59

**Aufgabe 10:**

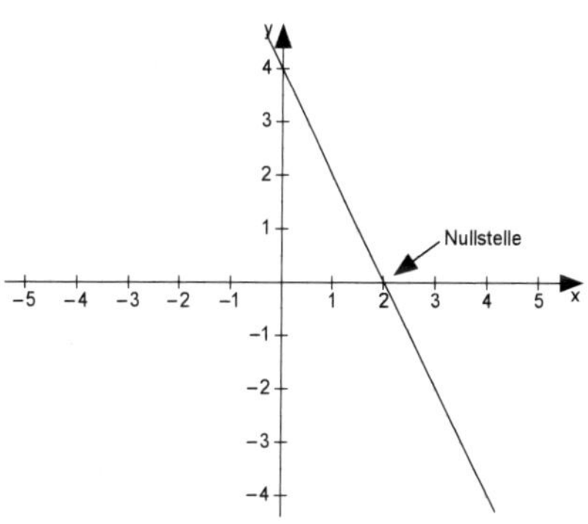


Wertetabelle:

| x | y |
|---|---|
| 1 | 2 |
| 2 | 0 |
| 0 | 4 |
| −1 | 6 |
| 3 | −2 |

Berechnung der Nullstelle:

y = 0
0 = −2x + 4 | + 2x
2x = 4 | : 2
x = 2

Lineare Funktionen
Kopiervorlagen – Bestell-Nr. 11 536
KOHL VERLAG

# Arbeit I zum Thema: Lineare Funktionen (Gruppe B)

**Seite 60**

**Aufgabe 1 + 2:**

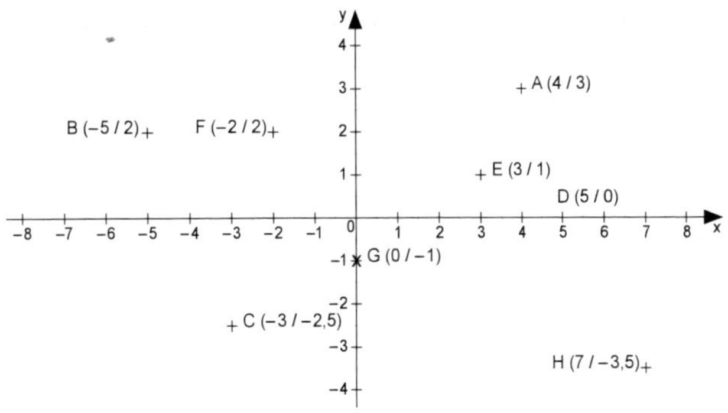


**Aufgabe 3:**

Wertetabelle:

| x | 1 | 2 | 0 | −1 | −2 |
|---|---|---|---|---|---|
| y | 3 | 6 | 0 | −3 | −6 |

**Aufgabe 4:**

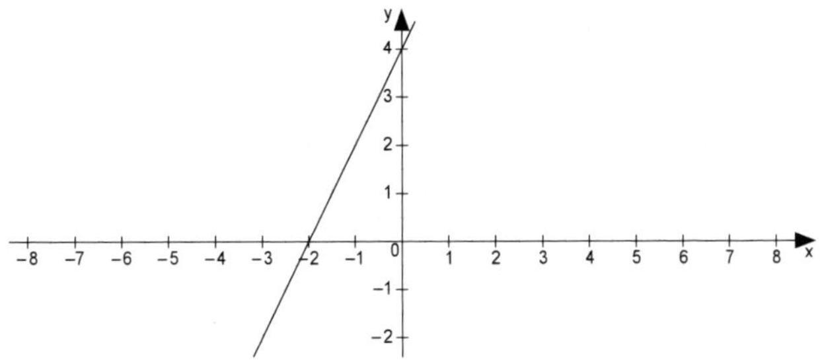

Wertetabelle:

| x | 1 | 0 | −1 | −2 | −3 |
|---|---|---|---|---|---|
| y | 6 | 4 | 2 | 0 | −2 |

**Aufgabe 5:**

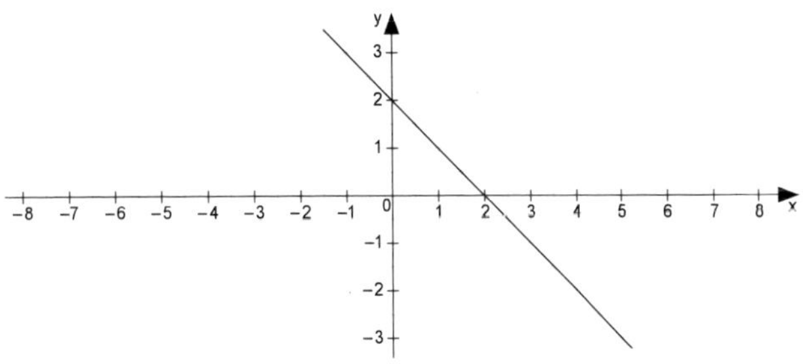

Wertetabelle:

| x | y |
|---|---|
| 1 | 1 |
| 2 | 0 |
| 3 | −1 |
| 0 | 2 |
| −1 | 3 |
| −2 | 4 |

**Seite 61**

**Aufgabe 6:**

Die Steigung sagt aus, ob der Graph einen flache(re)n oder steile(re)n Verlauf hat.
Bei der Funktionsgleichung y = 2,5x – 4 beträgt die Steigung 2,5.

**Aufgabe 7:**

y = 3x – 1

Wertetabelle:

| x | 2 | 1,5 | 1 | 0 | −1 |
|---|---|---|---|---|---|
| y | 5 | 3,5 | 2 | −1 | −4 |

**Aufgabe 8:**

y = −2,5x

Wertetabelle:

| x | y |
|---|---|
| 2 | −5 |
| 1 | −2,5 |
| 0 | 0 |
| −1 | 2,5 |
| −2 | 5 |

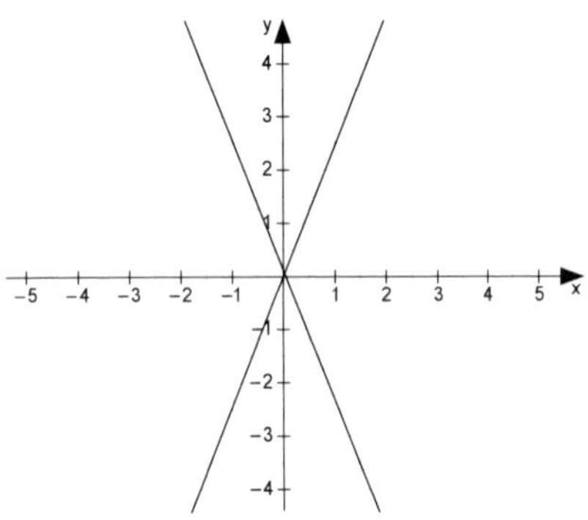

y = 2,5x

Wertetabelle:

| x | y |
|---|---|
| 2 | 5 |
| 1 | 2,5 |
| 0 | 0 |
| −1 | −2,5 |
| −2 | −5 |

**Aufgabe 9:**

Die Nullstelle eines Graphen ist der Punkt, wo der Graph die x-Achse schneidet. Hier beträgt der y-Wert Null (= 0)

**Seite 62**

**Aufgabe 10:**

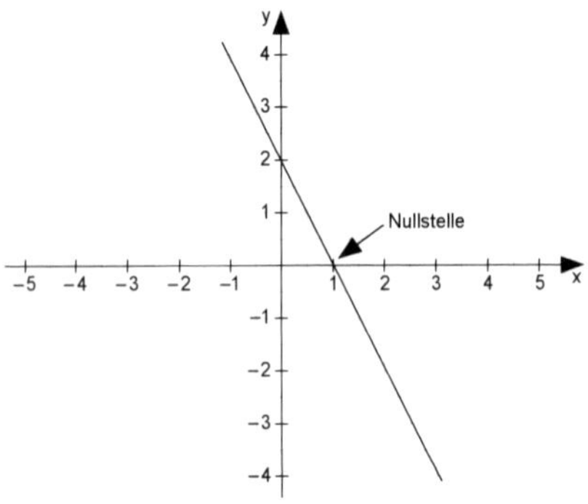


Wertetabelle:

| x | y |
|---|---|
| 1 | 0 |
| 2 | −2 |
| 0 | 2 |
| −1 | 4 |
| −2 | 6 |

Berechnung der Nullstelle:

y = 0
0 = −2x + 2 | + 2x
2x = 2 | : 1
x = 1

# Arbeit II zum Thema: Lineare Funktionen (Gruppe A)

**Aufgabe 1**: $y = 2x + 3$

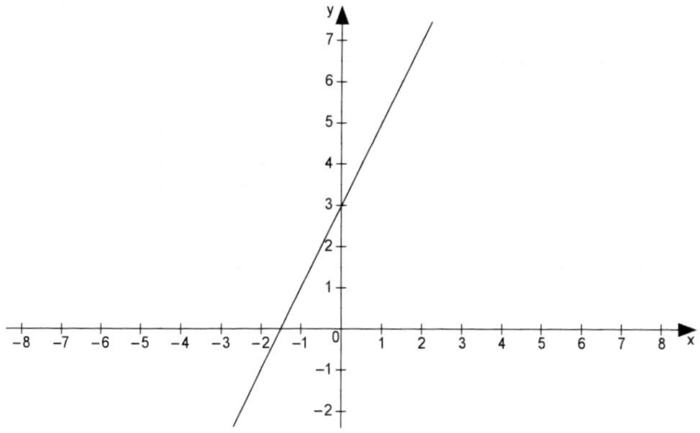

**Aufgabe 2**: **Seite 63**

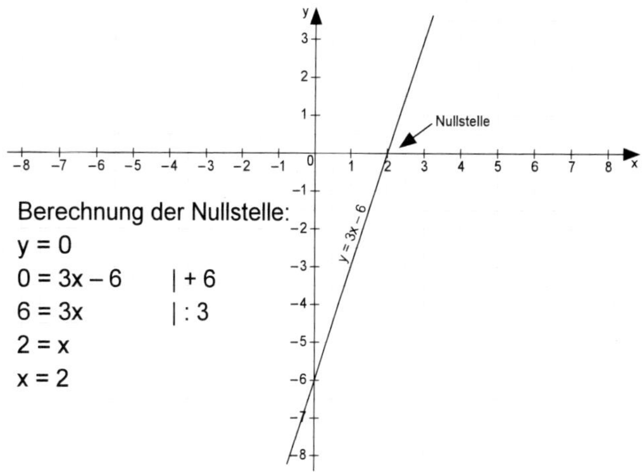


Berechnung der Nullstelle:

$y = 0$

$0 = 3x - 6 \qquad | +6$

$6 = 3x \qquad | :3$

$2 = x$

$x = 2$

**Aufgabe 3**:

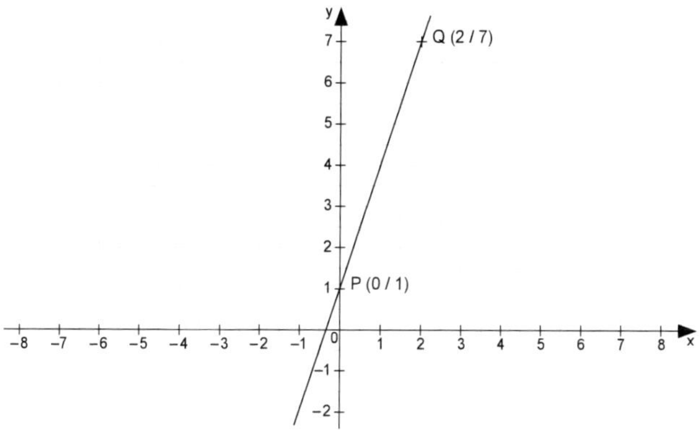


Berechnung der Funktionsgleichung:

$m = \frac{y_P - y_Q}{x_Q - x_P}$

$m = \frac{7-1}{2-0}$

$m = \frac{6}{2}$

$m = 3$

$y = mx + n$

$y_Q = m \cdot x_Q + n$

$7 = 3 \cdot 2 + n$

$7 = 6 + n \qquad | -6$

$n = 1$

Funktionsgleichung:
$y = 3x + 1$

**Aufgabe 4**: **Seite 64**

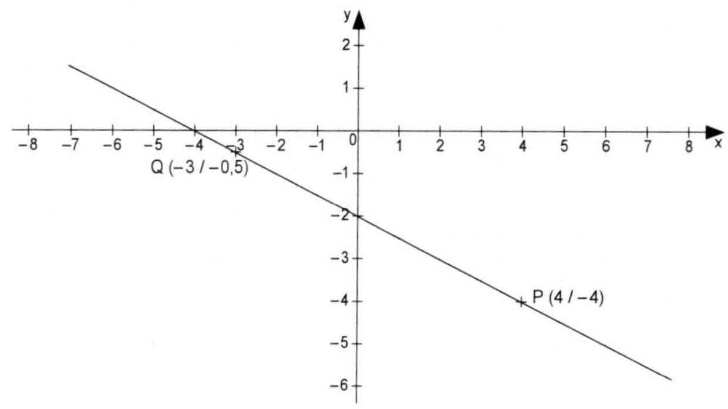


Berechnung der Funktionsgleichung:

$m = \frac{y_Q - y_P}{x_Q - x_P}$

$m = \frac{-4 - (-0{,}5)}{4 - (-3)}$

$m = \frac{-4 + 0{,}5}{7}$

$m = \frac{-3{,}5}{7}$

$m = -0{,}5$

$y = mx + n$

$y_Q = m \cdot x_Q + n$

$-0{,}5 = -0{,}5 \cdot (-3) + n$

$-0{,}5 = +1{,}5 + n \qquad | -1{,}5$

$-2 = n$

$n = -2$

Funktionsgleichung:
$y = -0{,}5x - 2$

**Aufgabe 5**:

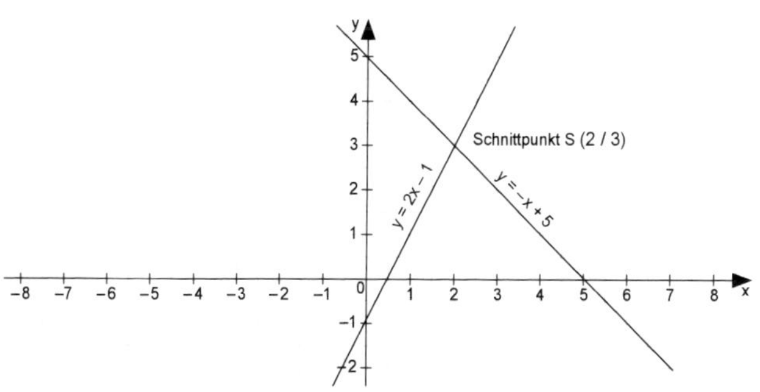


Gleichsetzung:

$y = 2x - 1$

$y = -x + 5$

$2x - 1 = -x + 5 \qquad | +1+x$

$3x = 6 \qquad | :3$

$x = 2$

$x = 3$ in $y = 2x - 1$ eingesetzt:

$y = 2 \cdot 2 - 1$

$y = 3$

Schnittpunkt S (2 / 3)

**Aufgabe 6**: **Seite 65**

Gleichsetzung:

$y = 4x + 2$

$y = -2x - 4$

$4x + 2 = -2x - 4 \qquad | +2x-2$

$6x = -6 \qquad | :6$

$x = -1$

$x = -1$ in $y = 4x + 2$ eingesetzt:

$y = 4 \cdot (-1) + 2$

$y = -4 + 2$

$y = -2$

Schnittpunkt S (–1 / –2)

**Aufgabe 7**: a) $4 \cdot 5{,}25 = 21$ km; b) $y = 4x$

c)

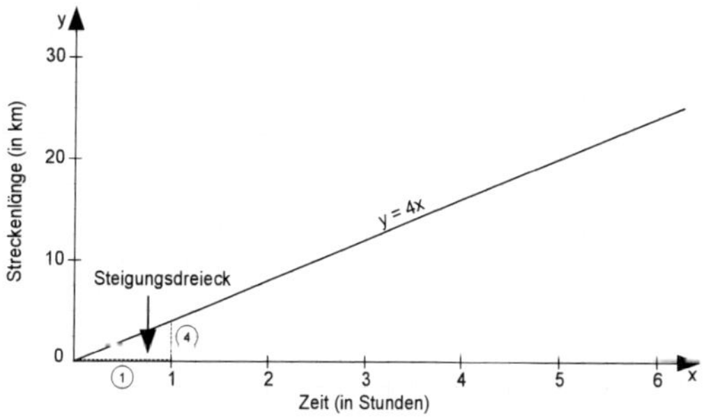


KOHL VERLAG Lineare Funktionen Kopiervorlagen – Bestell-Nr. 11 536

**Aufgabe 8:** **Seite 66**

a) $10 \cdot 12$ Euro + $3000 \cdot 0{,}18$ Euro = 660 Euro

b)

c) $y = 0{,}18x + 120$

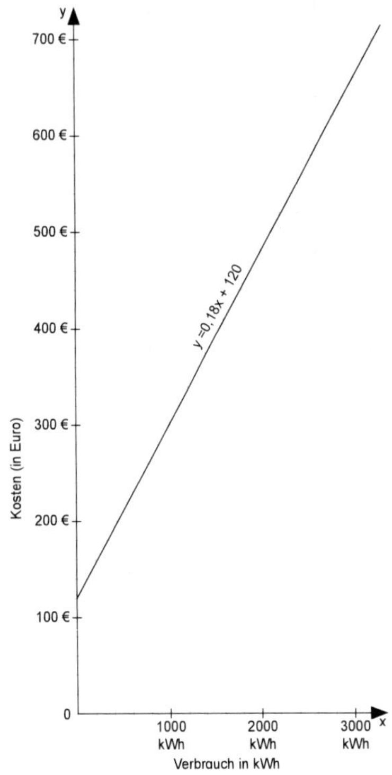


**Aufgabe 9:** **Seite 67**

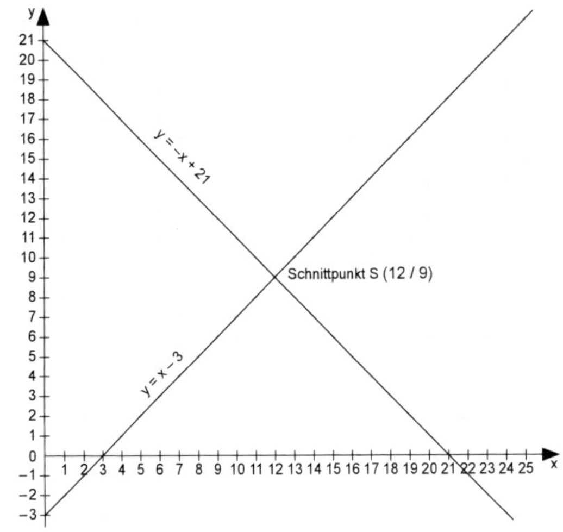


Berechnung des Schnittpunktes:

Gleichung I $\quad x + y = 21$

Gleichung II $\quad y = x - 3$

Umformung:

$x + y = 21 \quad | - x$

$y = -x + 21$

Gleichsetzung:

$-x + 21 = x - 3 \quad | + x + 3$

$24 = 2x \quad | : 2$

$12 = x$

$x = 12$

$x = 12$ in $y = x - 3$ eingesetzt:

$y = 12 - 9$

$y = 3$

Die beiden gesuchten Zahlen heißen 12 und 9

**Aufgabe 10:**

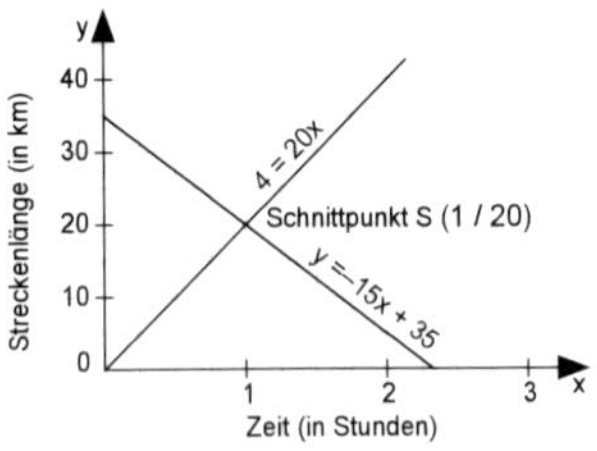


c) Berechnung des Schnittpunktes S:

$y = 20x$; $y = -15x + 35$

$20x = -15x + 35 \quad | + 15x$

$35x = 35 \quad | : 35$

$x = 1$

$x = 1$ in $y = 20x$ eingesetzt:

$y = 20 \cdot 1$

$y = 20$

Schnittpunkt S (1 / 20)

a) Sie treffen sich um 11 Uhr.

b) Der Treffpunkt liegt 20 km von Aburg entfernt.

## Arbeit II zum Thema: Lineare Funktionen (Gruppe B)

**Seite 68**

**Aufgabe 1**: $y = 2x + 1$

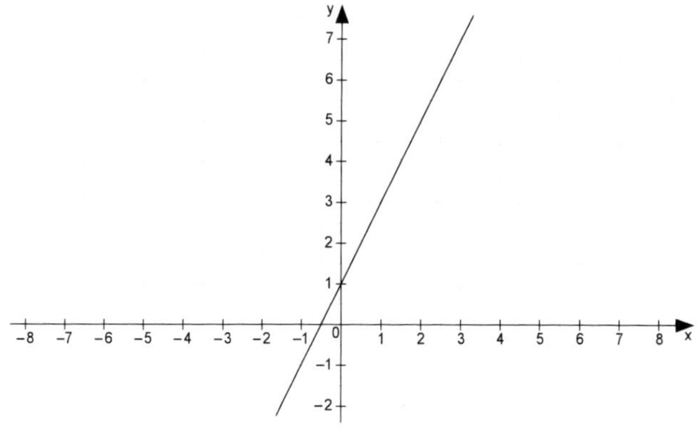


**Aufgabe 2**:

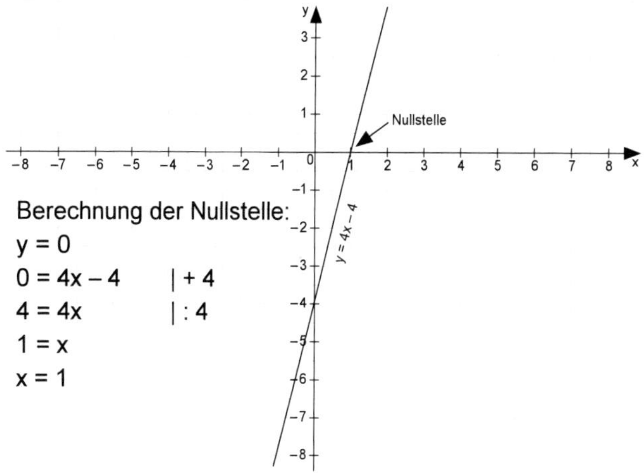


Berechnung der Nullstelle:

$y = 0$

$0 = 4x - 4 \quad | + 4$

$4 = 4x \quad | : 4$

$1 = x$

$x = 1$

**Seite 69**

**Aufgabe 3**:

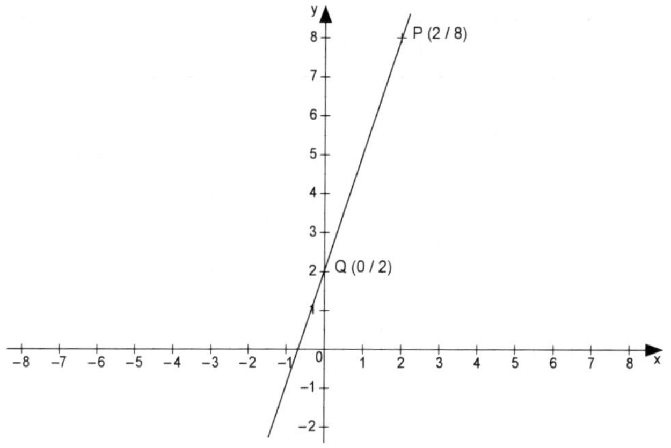


Berechnung der Funktionsgleichung:

$m = \dfrac{y_P - y_Q}{x_Q - x_P}$

$m = \dfrac{8 - 2}{2 - 0}$

$m = \dfrac{6}{2}$

$m = 3$

$y = mx + n$

$y_P = m \cdot x_P + n$

$8 = 3 \cdot 2 + n$

$8 = 6 + n \quad | - 6$

$2 = n$

$n = 2$

Funktionsgleichung: $y = 3x + 2$

**Aufgabe 4**:

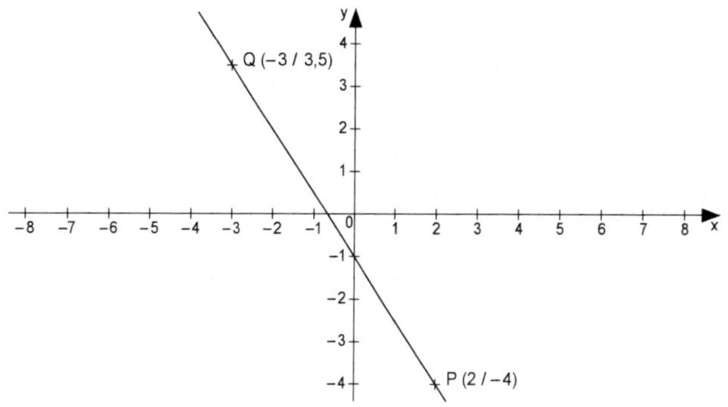


Berechnung der Funktionsgleichung:

$m = \dfrac{y_Q - y_P}{x_Q - x_P}$

$m = \dfrac{3{,}5 - (-4)}{-3 - 2}$

$m = \dfrac{7{,}5}{-5}$

$m = -1{,}5$

$y = mx + n$

$y_Q = m \cdot x_Q + n$

$3{,}5 = -1{,}5 \cdot (-3) + n$

$3{,}5 = 4{,}5 + n \quad | - 4{,}5$

$-1 = n$

$n = -1$

Funktionsgleichung:

$y = -1{,}5x - 1$

**Seite 70**

**Aufgabe 5**:

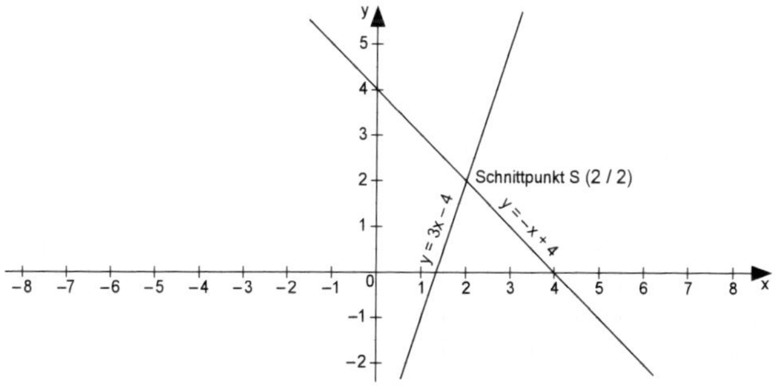


Gleichsetzung:

$y = 3x - 4$

$y = -4x + 4$

$3x - 4 = -x + 4 \quad | + x + 4$

$4x = 8 \quad | : 4$

$x = 2$

$x = 2$ in $y = 3x - 4$ eingesetzt:

$y = 3 \cdot 2 - 4$

$y = 2$

Schnittpunkt S (2 / 2)

**Aufgabe 6**:

Gleichsetzung:

$y = 2x + 5$

$y = -3x - 10$

$2x + 5 = -3x - 10 \quad | + 3x - 5$

$5x = -15 \quad | : 6$

$x = -3$

$x = -3$ in $y = 2x + 5$ eingesetzt:

$y = 2 \cdot (-3) + 5$

$y = -6 + 5$

$y = -1$

Schnittpunkt S (–3 / –1)

**Aufgabe 7**: a) $5 \cdot 4{,}75 = 23{,}75$ km; b) $y = 5x$

c)

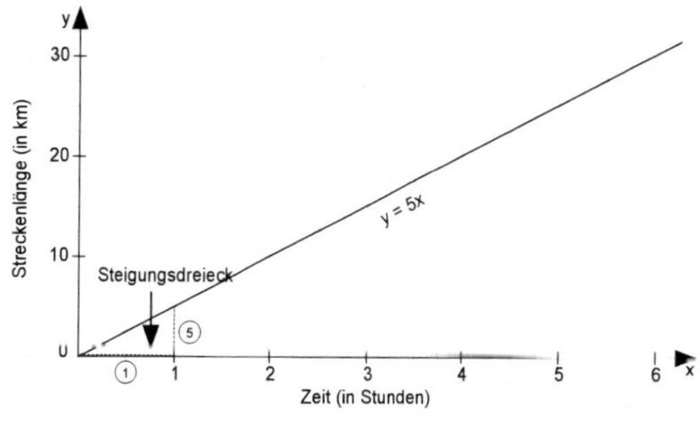

**Aufgabe 8**: **Seite 71**

a) 14 · 12 Euro + 2000 · 0,15 Euro = 468 Euro

b)

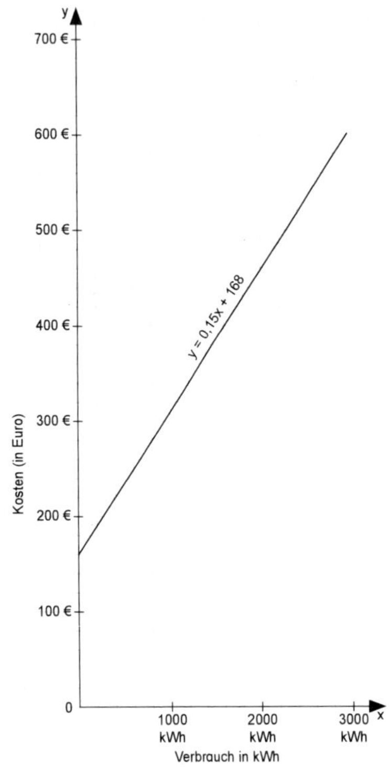


c) y = 0,15x + 168

**Aufgabe 9**: **Seite 72**

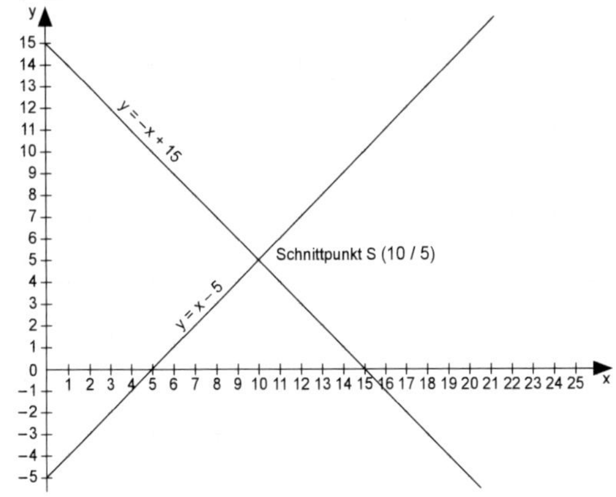


Berechnung des Schnittpunktes:

Gleichung I x + y = 15

Gleichung II y = x – 5

Umformung:

x + y = 15 | – x

y = –x + 15

Gleichsetzung:

–x + 15 = x – 5 | + x + 5

20 = 2x | : 2

10 = x

x = 10

x = 10 in y = x – 5 eingesetzt:

y = 10 – 5

y = 5

Die beiden gesuchten Zahlen heißen 10 und 5

**Aufgabe 10**:

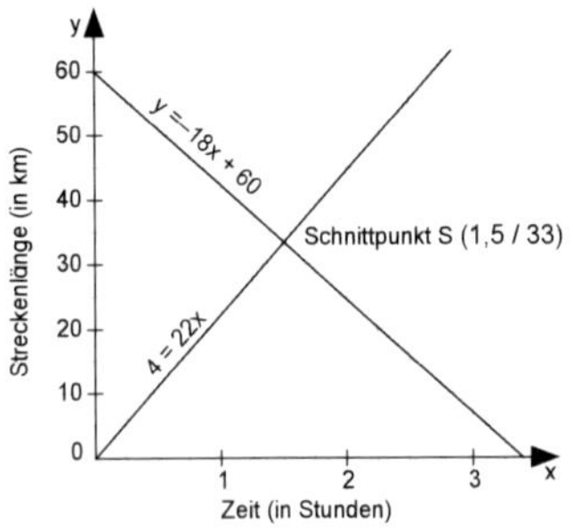


c) Berechnung des Schnittpunktes S:

y = 22x; y = –18x + 60

22x = –18x + 60 | + 18x

40x = 60 | : 40

x = 1,5

x = 1,5 in y = 22x eingesetzt:

y = 22 · 1,5

y = 33

Schnittpunkt S (1,5 / 33)

a) Sie treffen sich um 12.30 Uhr.

b) Der Treffpunkt liegt 33 km von Aburg entfernt.